巧讀孫子兵法與三十六計

余秋雨推薦

經典著作優秀改寫，全白話無障礙讀本，
內含精美手繪插圖，人物、典故、成語、知識點隨文注釋，
是一本適合青少年閱讀的國學入門書。

我们也许逃不过这样的荒诞：阅读极其泛滥又极其荒凉，文化极其壅塞又极其贫乏。

这里倒有一条安静的自救小路：趁年轻，放松心情读一点经过选择的经典。

余秋雨

目錄

第四篇　軍形篇

第五篇　兵勢篇

第六篇　虛實篇

第七篇　軍爭篇

第八篇　九變篇

第九篇　行軍篇

第十篇　地形篇

第十一篇　九地篇

第十二篇　火攻篇

第十三篇　用間篇

三十六計

經典

梅子涵

成年人文化多，知道得多，上下五千年，心裡著急，恨不得把一切有價值的書都搬來給小小的孩子看。

成年人關懷多，責任多，總想著未來幾千年的事，恨不得小小的孩子們都能閱讀著幾千年的經典，讓未來因為他們的經典記憶風平浪靜、盛世不斷，給人類一個經久的大指望。

我們要說，這簡直是一個經典的好心腸、好意願，唯有稱頌。

可是一部《資治通鑑》，如何能讓青少年閱讀？即使是《紅樓夢》，那裡面也是有多少敘述和細節，是不能讓孩子有興致的，孩子總是孩子，他們不能深，只能淺，恰是他們的可愛；他們不能沉湎厚度，而只可薄薄地一口氣讀完，也恰是他們蹦蹦跳跳的生命的優點，絕不是缺點！

這樣，那好心腸、好意願便又生出了好靈感、好方式，把很長的故事變短，很繁複的敘述變簡單，很滔滔的教誨變乾脆，很不明白的哲學變明白，於是一本很厚很重的書就變薄變輕了。是的，它們已經不是原來的那一本那一部，不是原來的偉岸和高大，但是它們讓孩子們靠近了，捧得起來了，沒讀幾句已經願意讀完了。於是，一種原本是成年後正襟危坐讀的書，還在小時候沒有學會把玩耍的手洗得乾乾淨淨的時候，已經讀將起來，知道了大概，知道了有這樣的經典和高山，留在他們的記憶裡當個「存目」，等他們長大了以後再去正襟危坐地讀，探到深度，走到高度，弄出一個變本加厲的新亮度來，當成教授和專家。而如果長大了實在忙得不可開交，養家糊口，建設世界，沒有機會和情境再閱讀，那麼那小時候的閱讀和記憶也已經為他的生命塗過了顏色，再簡單的經典味道總還是經典的味道，你說，一個人在童年時讀過經典改寫本，還會是一種羞恥嗎？還會沒有經典的痕跡留給了一生嗎？

所以經典縮寫本改寫本的誕生，的確也是一個經典。

它也許不是在中國發明，但是中國人也想到這樣做，是對一種經典做法的經典繼承。經典著作的優秀改寫，在世界文化先進、關懷兒童閱讀的國家，是一個不停止的現代做法，是一個很成熟的出版方式，今天的世界說起這件事，已經絕不只是舉英國蘭姆姐弟的莎士比亞戲劇的例子了，而是非常多，極為豐盛。

所以，我們也可以很信任地讓我們的孩子們來欣賞中國的這一套「新經典」，給他們一個簡易走近經典的機會；而出版者，也不要一勞永逸，可以邊出版邊修訂，等到第五版第十版時簡直沒有缺點，於是這個品種和你的出版，也成長得沒有缺點。那時，這一切也就真的經典了。連同我在前面寫下的這些叫做「序言」的文字。

為孩子做事，為人生做事，是應該經典的。

導讀

《孫子兵法》和《三十六計》，是中國古代兵書中最傑出的兩部。

「三十六計」又稱「三十六策」，最早出現於南北朝。《南齊書・王敬則傳》有「三十六策，走是上計」的句子，意為敗局已定，退卻才是上策。此後，這個說法廣為流傳。到了北宋，「三十六策」固定為「三十六計」。及至明末清初，有人根據歷史上的線索，廣泛搜集相關資料，編撰成《三十六計》一書。遺憾的是，此書編撰者到底是誰，已經無法考證。

《三十六計》提出的計策，都是簡單、具體、明確的，操作性非常強。原著中對於每個計策的解說，均借鑑《易經》和古代兵書的措辭方式，文字精簡，內涵豐富，準確剖析了敵對雙方力量對比的轉化機制，含有樸素的辯證法因素。

在中國古代兵書中，內涵最豐富的，並不是《三十六計》，而是《孫子兵法》。後者更博大精深，體系性更強，思維更嚴謹，對戰爭本質的挖掘更深刻。

《孫子兵法》是公認的世界三大兵書之首（**另外兩部是克勞塞維茲的《戰爭論》和宮本武藏的《五輪書》**），也是世界上第一部軍事著作。其創作時間是春秋時期，作者是孫武。孫武（約西元前五三五～？），字長卿，本來是齊國樂安（今山東省境內）人，後來到吳國，經伍子胥推薦獲吳王賞識，擔任軍事將領並屢獲奇功。

《漢書・藝文志》記載：「兵權謀家吳孫子兵法八十二篇。」看來，最初的《孫子兵法》並不僅僅是我們現在看到的十三篇，至少在漢朝時是八十二篇。根據史料，唐代流傳的《孫子兵法》有三卷，其中十三篇為上卷，還有中下卷。有研究者認為，將八十二篇刪節成十三篇的，是魏武帝曹操；更多研究者相信，十三篇出自孫武本人，是孫武草創，由弟子整理成書。

《孫子兵法》的誕生，有多方面原因，其中最重要的一點是，春秋時期及以前的戰爭極為頻繁、殘酷、多樣，提供了大量案例；其次，孫武之前，已經出現了大量兵學理論成果，這為更優秀的著作作好了鋪墊；第三，則歸功於孫武個人的天賦與努力。

在中國歷史上，孫子被尊稱為「兵聖」，《孫子兵法》被尊稱為「兵學聖典」，兩千多年來，歷代軍事家無一例外地從中吸取營養。進入現代社會之後，《孫子兵法》仍然發揮著作用，被廣泛運用於政治鬥爭、商業競爭、人際關係以及經濟管理等各個方面。

孫子兵法

第一篇 始計篇

不可輕易發動戰爭

【原文】

孫子曰：兵❶者，國之大事，死生之地，存亡之道，不可不察也。

【譯文】

孫子說，戰爭是一個國家的首要大事，關係到國家的生死存亡。是否要發動戰爭，以及如何作戰，都必須經過縝密的分析、觀察、研究，再作決策。

【歷史再現】

吳越爭霸

西元前四九七年，越國❷國王允常去世。吳國❸國王闔（ㄏㄜˊ）閭（ㄌㄩˊ）是允常的宿敵，他聽說這個消息後，沒有多加考慮，就想趁越國辦喪事的機會出兵攻打。第二年，闔閭親自

率兵攻打越國。

吳軍入侵時，允常的兒子勾踐已經即位。父親的亡靈尚未安息，仇敵就來侵犯，這讓勾踐十分憤怒。他挑選了幾十名勇猛的士兵，分成三批，稱為「敢死隊」。吳軍來犯時，勾踐分三次派出敢死隊，讓他們衝到吳軍陣營前面。敢死隊衝出去後卻不作戰，而是對著吳軍怒吼，然後齊齊拔刀自刎。吳軍從未見過這樣的戰法，個個目瞪口呆。就在這時，勾踐派出越軍突襲吳軍，吳軍猝不及防，四處逃散，吳王闔閭也被射傷，不久就去世了。

闔閭臨死前，叮囑兒子夫差，不要忘記勾踐的殺父之仇。夫差謹記在心，夫差即位後，開始養精蓄銳，重整吳軍，就這樣過了兩年。越王勾踐聽說夫差日夜帶領吳軍操練兵法，一心想殺死自己為父報仇。他就想先發制人，主動出擊，大臣范蠡勸阻說：「兵器說到底是凶器，無論什麼樣的戰爭，首先都是違背道德的，主動攻擊更是不得已的下策。所以最好不要這麼做。」勾踐不聽范蠡的勸說。西元前四六四年，越王勾踐率兵攻打吳國。吳王夫差出動全國的精兵強將勇猛迎敵，最後大敗越軍，把越王圍困在會稽山❹。

---

❶兵：當名詞用時，指士兵、軍隊、兵器；當動詞用時，指用兵。此處指戰爭。

❷【越國】春秋戰國時期位於中國東南方的諸侯國，都城在今天浙江紹興一帶。

❸【吳國】大致位於今天江蘇、安徽地區，與越國接壤。

回國後，勾踐臥薪嘗膽，修整國家。

這個時候，勾踐才明白過來，將戰爭當兒戲是大錯特錯的。他追悔萬分，歎息道：「看來我要死在這裡了！」他聽取范蠡的建議，向吳王請罪，請求做他的奴僕。吳王答應不滅越國，並饒勾踐一命，將他押送到吳國做奴隸。此後三年，勾踐忍辱負重，讓夫差消除了戒心才允許他重返越國。

回國後，勾踐臥薪嘗膽[5]，修整國家。幾年過去，越國實力已經大致恢復。但是勾踐沒有輕易出擊，而是聽從大夫逄（ㄆㄤˊ）同的建議，結交齊國，並與楚國、晉國交好，等待時機聯合三國之力攻打吳國。

西元前四八四年，吳王受小人挑撥，殺了忠臣伍子胥[6]，勾踐向范蠡詢問說：「吳王殺光了忠臣，現在身邊都是些阿諛奉承之人，現在我們可以出兵了嗎？」范蠡回答：「還不行。」

西元前四八二年春天，吳王帶領精英部隊去會盟諸侯❼，吳國都城沒有強兵防守。勾踐問范蠡：「現在可以進攻吳國了嗎？」范蠡說：「可以了。」

勾踐派出兩千名水軍和四萬精兵，又派六千名訓練有素的近衛軍和一千名將領，向吳國進發，一舉擊潰吳都守軍，吳國太子也被殺死。在外與諸侯會盟的吳王聽說國都淪陷後，讓人封鎖消息，然後派人向勾踐求和。勾踐評估了越國軍隊的實力，認為還不足以滅亡吳國，

---

❹【會稽山】位於浙江紹興，傳說是大禹建立中國第一個朝代「夏」的所在地，中華文明對山脈的崇拜，始於會稽山。

❺【臥薪嘗膽】臥薪，睡在柴草上；嘗膽，舔嘗苦膽。勾踐回國後，擔心自己會貪圖安逸，忘記恥辱，於是用艱苦的生活時刻提醒自己。他晚上睡覺不用褥子，只鋪些柴草，又在屋裡掛一隻苦膽，經常舔嘗。後世用「臥薪嘗膽」形容人刻苦自勵，發奮圖強。

❻【伍子胥】春秋末期吳國大夫、軍事家，幫助吳國成爲諸侯一霸的功臣。後來吳王夫差因爲聽信讒言，殺害了伍子胥。

❼【會盟諸侯】春秋戰國時期，弱小的諸侯國爲了抵禦大國侵略，聯合作戰，或強大的諸侯國脅迫小國加入自己的陣營，召開諸侯會議商討結盟事宜，稱爲諸侯會盟。

於是答應講和。

此後四年，勾踐多次發兵攻打吳國，但都沒有急於求成。在此期間，吳王夫差卻屢次對外國用兵。西元前四七六年，吳國與齊國、晉國交戰，吳軍疲憊不堪。勾踐趁機再次出兵，大敗吳軍，圍困吳國都城兩年多。西元前四七三年，吳王夫差自刎，吳國滅亡。

越王勾踐和吳王夫差的爭鬥，是中國歷史上最富戲劇性的故事之一。兩國你來我往，各有勝負，每次勝負的關鍵，無不是看誰準備得更充分，準備充分者獲勝，而草率用兵者失敗。

勾踐最初的戰敗，是因為他把戰爭當成兒戲，以為「先發」就能「制人」，沒有意識到戰爭是整個國家力量的比拼。軍隊的多寡、武器裝備是否充足、自然環境是否有利、時機是否恰當，以及國民是否支持等等，都關係到戰爭的勝負，甚至國家的存亡。因此，必須謹慎、細緻、全面地考察各方面情況，才能決定是否應該進入戰爭狀態。

勾踐吸取了失敗的教訓，臥薪嘗膽十餘年，即使國力恢復之後，也保持著克制，不貿然動兵。他認真聽取大臣的意見，對敵我情況進行多方面分析，採取最有利的作戰策略。忍辱二十一年後，他終於等來最佳時機，滅了吳國。

觀五事而知勝負

【原文】

故經❶之以五事，校之以計，而索其情❷：一曰道，二曰天，三曰地，四曰將，五曰法。

道者，令民與上同意者，可與之死，可與之生，而不畏危也；

天者，陰陽、寒暑、時制也；

地者，高下、遠近、險易、廣狹、死生也；

將者，智、信、仁、勇、嚴也；

❶經：古代指經線，在此作動詞用，意思是衡量、分析。

❷校之以計，而索其情：「校」同上句「經」的意思一樣，指分析比較；計，古代指籌碼，在此指下文「主孰有道」等幾個情況；索，意思是索取，獲得；情，指戰爭中的敵我形勢。

法者，曲制、官道、主用也。

凡此五者，將莫不聞，知之者勝，不知之者不勝。故校之以計，而索其情，曰：主孰有道？將孰有能？天地孰得？法令孰行？兵眾孰強？士卒孰練？賞罰孰明？吾以此知勝負矣。

【譯文】

戰爭關係國家的存亡，因此要分析敵我雙方的五方面情況，對兩者的情況加以比較，以此探索雙方勝負的可能性。

這五方面情況，一是道。道就是戰爭的正義性，也就是君王的作戰意志和臣民的意願是一致的。國民百姓支持戰爭，不懼生命危險，甘願為君主而死。這就是有道。

二是天。天是指天氣、環境、寒暑、晝夜等各種自然氣象、季節的因素。

三是地。地就是地理環境，包括地勢的高低、戰爭的路程遠近、所佔據地區是險要還是平坦以及戰場是寬廣還是狹窄等，這些都是決定戰爭勝負的要素。

四是將。將就是率領軍隊的將領，將領要有作戰的謀略和打仗的勇猛，對士兵要撫恤，同時須獎賞分明，嚴明軍紀。

五是法。法就是整個作戰部隊要有層次分明的組織機構，每個組織要有法令制度來管理人員的編制、資源的保障、物資的調配等戰爭中的事情。

這五個方面，作為一軍主腦的將領都要有充分的認識，深入的了解。通過考察分析雙方的各種情況，並據此加以比較，以此預測戰爭的勝負。哪一方的君王更賢明，民心更齊？敵我雙方的將領誰能力更強？哪一方具備天時、地利、人和的優勢？哪一方的軍紀法規執行得更有力？軍糧、武器裝備等軍需物資哪一方更充足？哪一方的士兵更能打仗？哪一方的獎罰分明？知道了這些情況，就能猜出誰勝誰負了。

【歷史再現】

武王伐紂

商紂王是商朝的最後一個君主，他暴虐無道，百姓苦不堪言。武王的父親——文王姬昌施行仁政，很多諸侯都歸附了他。文王去世後，武王繼承了他的爵位。武王延續父親的仁德，廣招人才，撫恤國內百姓，籌備滅商的力量，等待時機。

武王登位後，任命具有智謀的太公望[3]為太師，賢能的周公旦[4]做輔相，又重用召公（武王的弟弟）、畢公（武王的弟弟）等賢臣輔佐自己。武王以文王為榜樣，施行仁政，使全國

---

❸【太公望】姜太公，即姜子牙。曾輔佐武王的父親文王，是周朝的開朝功臣。

周武王率領聯合軍順利渡過黃河，很快到達了商都朝歌郊外的牧野。

上下齊心。他打算聯合百姓，承繼文王的事業。

武王即位的第九年，為了試探各諸侯對征討商紂王的反應，他從本營出發，一路號召集結軍隊。到達孟津（河南省中西部丘陵山區）時，他已經召集了八百多諸侯。有的諸侯不能前來，就派了司馬、司徒、司空等下屬官員前來回應武王。在孟津，武王舉行了討伐紂王的誓師儀式。他說：「我雖然無知，但我的先祖有德行，我繼承了先祖的功業，竭盡我所能完善各種制度，撫慰百姓，以完成祖先的事業。」在場諸侯聽後，紛紛響應他，都說要攻打商紂王。太公姜子牙向大家發布命令說：「召集你們的士兵，跟著武王出發，落後的一律斬殺。」

渡過河之後，軍隊紮營歇腳。有一團火從天上掉落到武王住的軍帳上，這團火不停地轉動，最後變成一隻赤紅色的烏鴉，發出震耳的啼叫。武王把這當作不祥的徵兆，對諸侯聯軍說：「此乃天命，現在還不是討伐紂王的時候。」就率領軍隊回去了。

兩年後，武王聽說紂昏庸更加暴虐，他殺了王子比干[5]，囚禁了箕子[6]。商朝王室內亂，很多臣子都逃奔到周國來了。武王通告全體諸侯說：「殷王罪孽深重，已經到了不可以不討伐的地步了！」他招兵買馬，得到了兵車三百乘[7]、猛士三千人、甲兵四萬五千人，開始東征。武王的軍隊出發後，各個諸侯也都發動自己的軍隊前往孟津，與武王會合。在聯合軍出征前，武王作了《太誓》，聲明此次戰爭的正義性和必要性。他說：「殷王紂讓自己的

---

❹【周公旦】武王的弟弟，姓姬名旦，因封地在周（今陝西省寶雞市岐山北），古稱周公或周公旦。武王去世後，他的兒子成王即位。成王年幼，周公代執國政，盡忠盡責。

❺【比干】因勸諫父親商紂王，被紂王挖掉心臟。

❻【箕子】商朝忠臣，西周滅商後，箕子率領五千商朝遺民遷移到朝鮮半島建立「箕氏侯國」。西漢時，該國家被燕國人衛滿所滅。

❼【乘（ㄕㄥˋ）】古代兵車單位，四馬一車爲一乘。

寵妃干預朝政，他聽任婦人之言，以致自絕於天下。如今，他殺死了親族兄弟和兒子，遠離了天、地、人的正道。我奉天命征討他，希望各位一起努力。此次出征，只能勝，不能敗。因為不會再有第二次！」四方諸侯國群起響應，各地百姓聽後群情激奮、熱血沸騰。

不久，周武王率領聯合軍順利渡過黃河，很快到達了商都朝歌郊外的牧野（今河南汲縣）。到達牧野後，武王發表出師宣言，列舉紂王種種劣行：聽信妖女妲己之言，不祭祀祖先；任用奸臣，排陷忠良；魚肉百姓，殘害至親，以致民不聊生，人神共憤……他說：「我順應天命去討伐商紂王，你們也一起討伐他。讓我們直搗朝歌[8]，嚴懲暴君，不得全勝誓不停息！」全軍上下重複著「直搗朝歌，嚴懲暴君，不得全勝誓不停息！」將士的力量威懾天地，以致地動山搖。誓師完畢後，諸侯聯合軍的四千輛戰車，在牧野擺開了陣勢。

商紂王派出數倍於武王的軍力抵抗，他的軍隊人數雖多，但很多士兵都沒有打仗的心思，尤其是那些下屬士兵，他們怨恨紂王，巴不得武王趕快進攻。兩軍交戰時，商紂王的軍隊士兵紛紛倒戈，轉而攻打商紂的軍隊。牧野一戰，勝負很快分曉。商紂的軍隊崩潰，紂王敗逃入朝歌，穿上他的皇帝玉衣，登上鹿台，投入火中自焚而死。諸侯們和商都的百姓都朝拜武王，尊他為帝。武王滅亡了商朝，建立了周朝。

牧野之戰，武王的軍力並不如商紂王的多，但最終武王取勝，其主要原因就是武王佔據了戰爭中「道」、「天」、「地」、「將」、「法」這五個方面的優勢。武王屢次對諸侯和百姓宣稱紂王的所作所為違背了天地正道，自己討伐商紂完全是出於道義和天命。有「道」則師出有名，也就獲得了大眾的支持。這也是為什麼孫子把「道」放在決定戰爭勝負的首位。

戰爭的勝負受地理環境和天氣的影響，將領的才能和軍隊的整體能力也決定成敗。所以，光是有「道」還不足以取勝，要等到「天時、地利、人和」的最佳時機，也就是同時具備了「天」「地」「將」「法」的優勢後，戰爭的勝利就可以保證了。正如武王一樣，有「道」有「將」有「法」，等來最好的時機，最終滅了商紂王。所以說，要從五方面去把握戰爭形勢。

❽【朝歌】商紂王建立的備用都城，位於河南省北部鶴壁的淇縣。

君主必須信任所用之人

【原文】

將[1]聽吾計，用之必勝，留之[2]；將不聽吾計，用之必敗，去之。計利以聽[3]，乃爲之勢，以佐其外。勢者，因利而制權[4]也。

【譯文】

如果國君聽取我的作戰計策，任用我指揮作戰，那戰爭就會得勝，我就留下來。如果國君不聽我的計策，即使任用我，戰爭也會失敗，那我就離開。接受了我的作戰思想和方針，我還將從其他方面造勢，以「勢」作為輔助，使計策得以順利地施行。所謂「勢」，就是以「有利於我方」為原則，在戰場上靈活應對各種突發情況，以掌握戰爭的主動權。

【歷史再現】

劉邦用韓信

韓信是西漢的開國功臣，為劉邦爭奪天下立下了汗馬功勞。

秦朝末年，陳勝起義之後，各路英雄豪傑紛紛揭竿而起。韓信最初只是一個無名小卒，跟隨項羽的叔父項梁。項梁戰死後，項羽做了楚軍將領，韓信就歸屬了項羽。韓信具有謀略，他多次向項羽獻計，但項羽都沒有採納，最後也只是讓他做了個郎中❺。韓信見項羽不重用自己，便有了脫離之心。等到秦朝被滅，項羽自立為西楚霸王後，他就離開了項羽，轉

❶將：在此讀ㄐㄧㄤ，表示假設，意爲如果。
❷之：自此作爲音節助詞，沒有實意。留之，意爲留下來（輔佐君王）。
❸計利以聽：計策有利而已經被聽取採納。
❹因利而制權：因，意思是根據。制權，採取應變的行動。整句話意思是，根據實際有利的情況，採取相應的作戰行動。
❺【郎中】在此指掌管門户、車騎的官職，有時充當侍衛，有時外出作戰。

而投靠了漢王劉邦。

韓信剛到劉邦軍營時，劉邦因為他在項羽手下當過小官，也讓他做了個小官，讓他負責迎賓。後來，通過滕公夏侯嬰的推薦，韓信升為了治粟都尉[6]。劉邦雖然升了韓信的官職，但因沒有發現他的軍事才能，所以對他並不重視。而劉邦的手下夏侯嬰和蕭何卻已經知道韓信是個軍事奇才，所以多次向劉邦舉薦。劉邦仍沒把韓信放在心上，韓信逐漸心灰意冷。等到劉邦率軍到達封國的都城南鄭[7]時，韓信就逃出了劉邦的軍營。

蕭何聽說韓信逃跑後，連夜去追趕韓信[8]，又把他帶了回來。蕭何再次向劉邦推薦韓信，極力勸諫劉邦重用他。劉邦滿口答應下來，當即讓人召來韓信，說要改任他為將軍。蕭何見劉邦的態度不認真，又向他諫言說：「大王待人一向粗枝大葉，不講究禮節，顯得傲慢。如今你說要任命韓信為大將軍，卻像召喚小孩子一樣把他召來。您如此對待人，這就是韓信不肯留在漢營中的原因啊。大王如果決心重用韓信，就應該舉行鄭重的任命儀式，選個良辰吉日授予韓信官職，這樣才算任命。」劉邦採納蕭何的建議，舉行了隆重的任命儀式拜韓信為大將軍。從此，漢軍士兵無人不知韓信。

任命儀式過後，劉邦又與韓信暢談，認真聽取了他的軍事謀略。韓信向劉邦分析了天下形勢，並將楚軍和漢軍的實力做了精確的對比，最後建議說：「按照約定[9]，大王您本該在關中稱王。項王違背約定，讓您做漢王。如今，不僅秦地的鄉親父老怨恨項王，天下人也更多地偏向歸順您。這個時候，大王如果領兵東進，平定三秦封地易如反掌，爭取天下也勢在必得。」劉邦聽完韓信的分析，大大讚賞他的謀略，直覺得相識恨晚。

回到封國修整四個月後，劉邦就採用了韓信的計策，派樊噲率領一萬人去搶修連通漢中[10]、巴蜀[11]的棧道，暗中卻率領精銳部隊從小道翻山越嶺，偷襲了陳倉。駐守陳倉的雍王章邯只聽說漢軍在修棧道，萬萬沒想到劉邦會偷襲而來。結果，章邯投降，陳倉被攻克，駐

---

❻【治粟都尉】又稱爲「搜粟都尉」，主管徵集軍糧的事情。

❼【南鄭】今陝西省漢中市的南鄭縣。劉邦被封爲漢王，統治巴、蜀、漢中之地，建都南鄭。

❽【蕭何追韓信】蕭何連夜追趕韓信的故事，被後人搬上舞臺，演繹成京劇，也就是《蕭何月下追韓信》。

❾【約定】當時，反秦起義軍除了項羽和劉邦兩人所率領的部隊，還有其他諸侯。起義軍的名義首腦楚懷王曾向各路諸侯規定，誰先入關中誰就是關中王。後來劉邦先入關，攻入咸陽。項羽後入關，憑藉自己的軍力，違背約定，沒有封劉邦爲關中王。

❿【漢中】漢中郡爲秦朝設置，其治所在南鄭（今陝西漢中漢台區）。漢中所轄區域在不同朝代有所不同，但在大多時候泛指秦巴地區及漢水中上流地區，相當於今陝南和湖北西北部，有時還包含川北和隴南地區。

⓫【巴蜀】先秦時期把今重慶地區稱爲巴，四川成都地區稱爲蜀。

守關中東部的塞王司馬欣和北部的翟王董翳也相繼投降。劉邦一舉平定了三秦，攻取了關中，打開了東進的大門。

此後，劉邦繼續領兵向東，攻打項羽。在楚漢相爭的過程中，韓信一直握有行軍指揮的大權。直至楚漢爭霸的最後一戰——垓下之戰⑫，韓信仍作為漢軍的統帥，部署戰略。

劉邦奪得天下後，曾說：「戰必勝，攻必取，吾不如韓信。」

韓信的軍事才能是無可置疑的。張良曾說，劉邦要想奪得天下，沒有韓信是不行的。蕭何則把韓信譽為「國士無雙」。這樣一個軍事奇才，在項羽手下做事時卻只是一個郎中。千里馬得不到主人的信任，被困在馬圈中不能馳騁，跟普通的馬

劉邦採納蕭何的建議，舉行了隆重的任命儀式拜韓信為大將軍。

也沒什麼區別，因此韓信離開了項羽。劉邦得到韓信後，也差點犯了跟項羽一樣的錯誤。然而劉邦與項羽不同，他雖然沒有什麼軍事才能，但他善於用人，且信任所用之人。即使不確定韓信的才能，但劉邦信任蕭何，也就相信他舉薦的人，因此最終沒有錯失韓信。可以說，正是劉邦對蕭何的信任使韓信留在了漢軍，也因此劉邦打敗了項羽。有意思的是，當韓信打敗項羽的大將龍且後，項羽害怕了，讓人去勸說韓信反叛劉邦，以「三分天下」誘惑韓信。韓信最終沒有答應項羽。所以說，君主用人就要信任他。君主對將領信任，將領也會信任君主。只有雙方建立了信任，才能發揮出將領的才能，並保證軍事行動的統一和諧，從而取得勝利。

⓬【垓（ㄍㄞ）下之戰】漢高帝五年（前二〇二年）十二月，劉邦的漢軍和項羽的楚軍在垓下（一說在今安徽靈壁東南沱河北岸，另一說在今河南鹿邑縣）進行最後的較量，最後項羽被圍困，四面楚歌，自刎於烏江邊。

行兵打仗，就是施行詭詐

【原文】

兵者，詭道❶也。故能而示之不能❷，用而示之不用，近而示之遠，遠而示之近。利而誘之，亂而取之，實而備之，強而避之，怒而撓之，卑而驕之❸，逸而勞之，親而離之，攻其無備，出其不意。此兵家之勝，不可先傳❹也。

【譯文】

用兵作戰，就是一種施行詭詐的事情。所以，要在有能力時假裝沒有能力；明明要進攻敵人卻做出不攻打的樣子；想要從近處攻入敵軍陣營卻裝作要從遠處襲擊；要攻打遠處時又裝出想從近處攻打敵方的樣子。

如果對方貪圖財利，就用利益引誘他，使對方軍隊混亂，然後趁機攻襲他；對方比我方強大就防備他，對方暴躁易怒就挑釁激怒他，亂其陣腳；對方謙卑謹慎，就用計就使他驕傲自滿；對方軍力充沛，就用計使他們疲勞；對方內部和睦團結，就挑撥離間他們。

總而言之，就是要攻打對方沒有戒備的地方，在敵人料想不到時發動襲擊。這些都是兵家克敵制勝的常用妙計，戰爭中根據不同情況採取不同的詭計，是沒法事先決定的。

【歷史再現】

裴行儉平叛

唐高宗時的禮部尚書裴行儉，被人稱為「儒將」，他不提倡動武，卻用兵如神，把詭詐之術發揮到極致。平定西部的吐蕃[5]叛亂時，他完全掩藏行軍目的，以護送波斯王子為名，暗中集結力量。最終，如他說的，沒有使戰爭中流一滴血，神不知鬼不覺就平定了叛軍。

---

❶詭道：詭計之策。

❷能而示之不能：有能力作戰卻假裝不能戰。這句話中的「而」以及後面三句話中的「而」都表示轉折。從「利而誘之」到「親而離之」的「而」則做連詞，表示順承，相當於「就」。

❸驕之：之，指敵人。驕，作爲動詞用。驕之的意思是使敵人驕傲。

❹不可先傳：不可以事先下定論。指戰事各種行爲都可能是詭詐的計策，也是兵家作戰常用的妙計，不要事先下定論。

裴行儉「兵不血刃而平叛亂」，大勝而歸。

上元三年（西元676年），西部的吐蕃背叛了與唐的盟約，發動叛亂。第二年，可汗阿史那都支[6]與別帥[7]李遮匐想聯合吐蕃對抗唐朝政府，蠱惑西部民族部落一同作亂，西部硝煙四起。唐高宗想派兵討伐，又怕吐蕃乘機進襲中原。

裴行儉向唐高宗諫言說：「此前唐軍與吐蕃交戰，唐軍因戰敗而受挫，不適合再動兵。如今正好波斯[8]王死了，他的兒子泥涅師還在我們長安做人質，不如我們派遣人馬送波斯王子回國繼位，途經阿史那都支和李遮匐的領地時，我們再尋找機會討伐他們。這樣一來，我軍不需勞師動眾，也沒有出師的名義，敵人就難以覺察到我們的目的。這一戰，我們不用流一滴血就可以取得成功。」高宗採用了裴行儉的建議，冊立泥涅師為波斯國王，任命裴行儉為使者，讓他率領使臣護送波斯王子回國繼位。裴行儉向唐高宗推薦肅州刺史[9]王方翼，請求讓他作為自己的副手，並在出行到安西後任命他為安西都護。

高宗調露元年（六七九年）六月，護送波斯國王泥涅師的裴行儉一行人啟程了。七月，裴行儉帶領一小隊唐軍抵達西州[10]。因為裴行儉曾在西州做過十幾年的長官，與西域胡人部

---

❺【吐蕃】西藏第一個藏族政權，西元七世紀初由吐蕃第三十三任國王松贊干布建立，吐蕃王朝歷史延續了將近二百年。進入九世紀以後，吐蕃由盛轉衰。八二一年，吐蕃與唐朝締結友好盟約，當時的會盟碑石還存於現今的拉薩。

❻【阿史那都支】本是突厥一部落的酋長，六七一年，被唐高宗任命爲左驍衛大將軍。六七六年反叛後自號十姓可汗，與吐蕃聯合，攻打安西。

❼【別帥】非主力部隊的統帥。

❽【波斯】伊朗的舊稱。

❾【州刺史】主管一州政務的官員。

❿【西州】六四〇年，唐朝政府滅亡西域高昌國（古城位於今新疆吐魯番東南）政權，建立西昌州，不久改稱西州。

落的關係很好，此次又是奉詔出使，所以當地官吏和百姓都前來歡迎他。當地人熱情地接待了裴行儉，並問起他何時再出發，裴行儉四處揚言說：「我一點也不著急，天氣太熱了，等秋天臨近，天涼下來後再西進。」阿史那都支見唐軍數量不多，不像要作戰的樣子，又聽說裴行儉要在西州逗留，他就放鬆了戒備。

接下來的日子，裴行儉裝出一副盡興遊玩的樣子。他先從當地召集了年輕精壯的青年一千多人，整天帶他們出遊打獵。一天，他邀請了龜茲[11]、焉耆[12]、疏勒[13]等地的胡人酋長，對他們說：「以前我在西州工作時，喜愛打獵，玩得也很愉快。自從進京後，公務繁忙，如今難得有這樣的閒暇，很想重溫快樂，誰願意跟我一起打獵？」各部落的酋長都說願意參加，裴行儉就說那乾脆來個狩獵比賽吧。各部胡人子弟聽到這個消息後爭相報名參加，裴行儉不費吹灰之力就徵集了數萬的兵卒。之後的幾天，裴行儉借著打獵比賽的名義，把自己此前挑選的千人精兵編入大隊伍中，天天率領他們在郊外操練。

過了些時日，士兵們的戰鬥力均有所提升。一天，裴行儉突然率領部隊策馬奔馳，向西直趨，火速前往阿史那都支的營地。到達距離其本營僅十餘里的地方時，裴行儉命令自己的大部隊緩慢前移，另派出使者去召見阿史那都支。此前，裴行儉剛到西州時曾派使者問候阿史那都支，說自己這次純屬路過。阿史那都支信以為真，放鬆了戒備，與李遮匐約好到秋天時再聯手攻打唐朝使者。如今，阿史那都支聽聞裴行儉召見自己，出門一看，卻看到不遠處浩浩蕩蕩的唐軍，他嚇得不知所措，只得率領五百兵卒前去迎接裴行儉。裴行儉料想阿史那都支當下無力抵抗自己，就乘機捕捉了他及其隨從。隨後，裴行儉又假借阿史那都支的軍令箭召集他的屬下前來，一併將他們抓獲。裴行儉讓人把阿史那都支這一撥叛軍俘虜先押送到碎葉城，他自己則帶領精兵壯士去捉拿李遮匐。在路上，裴行儉碰見了阿史那都支派去和李遮匐聯絡又返回的使者，裴行儉讓使者勸降李遮匐。李遮匐孤立無助，只得束手就擒。

此後，裴行儉另派副將把波斯王子遣送回國，他親自押送叛軍首領阿史那都支和李遮匐回到長安。裴行儉「兵不血刃而平叛亂」，大勝而歸。唐高宗對他給予了高度評價，說「行儉提孤軍，深入萬里，兵不血刃而叛黨擒夷，可謂文武兼備矣，其兼授二職」。因此提升他為禮部尚書兼檢校右衛大將軍。

⓫【龜（ㄑㄧㄡ）茲（ㄘˊ）】安西四鎮之一，同時是古代西域的國家，又稱丘慈、邱茲、丘茲。

⓬【焉耆（ㄑㄧˊ）】今新疆焉耆縣，回族人居多。

⓭【疏勒】今新疆西南部的一個縣。

戰前預算勝負概率

【原文】

夫未戰而廟算❶勝者，得算多❷也；未戰而廟算不勝者，得算少也。多算勝，少算不勝，而況於無算乎！吾以此觀之，勝負見❸矣。

【譯文】

在作戰之前，經過周密的分析和謀劃，得出來的結論是我方能夠獲勝，那是因為我方掌握的能夠獲勝的主客觀條件充分。如果開戰之前分析的結果是不能獲勝，那是由於我方佔據的有利條件少。勝算條件足夠充分，在實戰中才有可能獲勝。掌握的有利條件少，就難以獲勝。這麼說來，那些不在戰前作謀劃分析和預算，根本不知道戰爭的有利條件是什麼就貿然開戰的，就不用說了，必敗無疑。只要考察分析了雙方的形勢，兩相對比，誰勝誰負也就一目了然了。

【歷史再現】

柏舉之戰

西元前五〇六年，蔡昭侯[4]為報復楚國的侮辱之仇，發動蔡軍攻打楚國的附屬國沈國，滅亡了沈國。秋天，楚國發兵圍攻蔡國[5]。這時，原本承諾幫助蔡國的晉國[6]卻要求蔡昭侯進貢財物才肯出兵，蔡昭侯極力拒絕。吳國決定以救蔡為名，發兵攻打楚國。

西元前五〇六年冬，吳王闔閭出動全國軍隊，率領弟弟夫概[7]和伍子胥、伯嚭、孫武等重臣大將，與唐國、蔡國一起攻伐楚國。三國聯軍以蔡、唐軍為先導，三千五百名精銳步兵

---

❶廟算：古代用兵打仗前，在廟裡舉行出征儀式，並對戰爭的勝負進行分析預算，討論作戰計策，因此稱廟算。

❷得算多：所預算的形勢中代表獲得勝利的主觀、客觀條件稱爲「得算」。多是充分的意思。

❸見：通「現」，顯而易見的意思。

❹【蔡昭侯】蔡國國君。

❺【蔡國】春秋戰國時期諸侯國，轄地大致位於今河南省駐馬店市上蔡縣一帶。

❻【晉國】春秋時期的諸侯國，國土疆域主要是今山西省南部。

為前鋒，直趨漢水。楚國派令尹[8]子常、左司馬沈尹戌、武城大夫黑和大夫史皇等率軍前往漢水西岸布陣，阻止吳軍渡過漢水。

吳、楚兩軍對峙時，楚將沈尹戌對兩軍的情勢進行了分析比較。他認為現在楚國的兵力較為分散，容易被吳軍逐個擊破，如果順著敵人的思路打的話，楚軍處於被動，難以取勝。但是如果採取主動進攻的話，就可以先發制人，將楚國兵力多而散的劣勢變為優勢，所以他提議：由令尹子常駐守漢水西岸，牽制吳軍；自己迂迴到吳軍的側後方，調集楚國兵力，阻斷吳軍的後路。這樣一來就可以前後夾攻，殲滅敵軍。

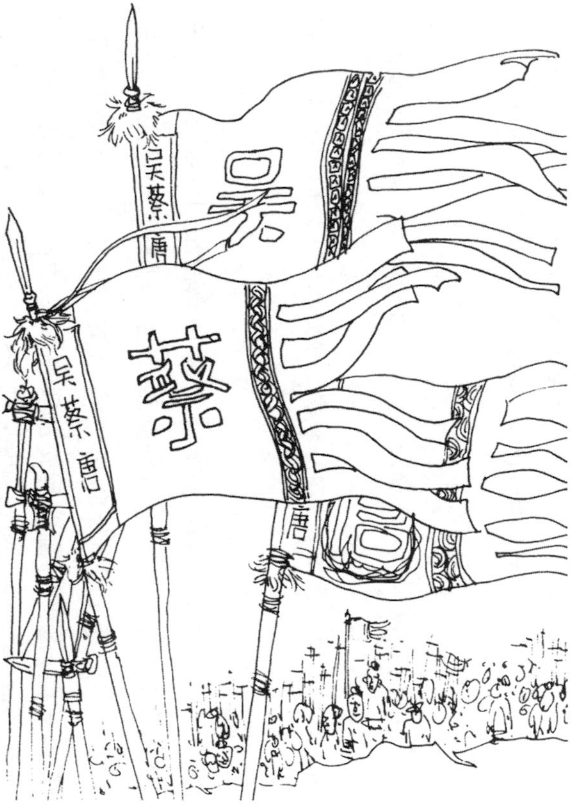

吳王闔閭出動全國軍隊，與唐國、蔡國一起攻伐楚國。

子常及兩個大夫最初聽從了沈尹戌的建議，然而等沈尹戌去調兵的時候，兩個大夫都改變了主意。武城大夫黑認為楚軍應該速戰速決，大夫史皇知道子常貪功好利，所以也慫恿他速戰速決。子常受到蠱惑，認為憑藉楚國數倍於吳軍的實力可以打敗敵人，於是就違背了與沈尹戌的約定。未等沈尹戌到達吳軍的後方，他就擅自率軍渡過漢水，與吳軍展開了戰鬥。

吳軍已經知道楚軍想採取夾擊，如今見子常軍渡河來攻，恐怕自己會腹背受敵，就從漢水東岸後退，把楚軍引到不利於他們作戰的地方。子常以為吳軍不敢應戰，對吳軍緊追不捨。吳軍誘敵深入，連續三次打敗楚軍，楚軍銳氣大減。吳軍退至柏舉❾時，停止了後退，與楚軍展開對陣。夫概乘楚軍沒有防備之際，率領五千人偷襲子常的陣營。子常的軍部大亂，吳王闔閭趁機發起全面攻擊。子常棄軍逃跑，兩個大夫戰死，楚軍大敗而逃。

吳軍乘勝追擊敗逃的楚軍殘部，又擊潰了楚軍部分兵力，追至雍澨（ㄩㄥˋㄕˋ，雍澨位於今

---

❼【夫概】吳軍攻入楚國都城後，秦國出兵救楚，吳軍被秦軍打敗。夫概趁機逃回吳國，想自立爲王。闔閭引兵回國，夫概又敗逃到了楚國，後被楚王封在堂溪（今河南西平縣），號爲堂溪氏。

❽【令尹】春秋時期，楚國所設的官職，官位屬最高，對內管國政，對外主持軍事外交。

❾【柏舉】又名「柏莒」，位於今湖北麻城市境內，麻城東北的柏子山與舉水的合稱。權威的說法認爲，柏舉之戰的具體位址是今日湖北與安徽交界處的木子店鎮。

湖北省京山縣西南）時，與回援的沈尹戌部隊相遇。沈尹戌奮力抵抗吳軍，最後還是被吳軍包圍，沈尹戌不想被俘殺，就命令部下斬割了自己的首級。主帥已死，楚軍主力部隊潰逃。此後，吳軍乘勢追擊，又連續五次擊敗其餘楚軍。楚昭王棄城逃跑，吳軍一直打到了楚國都城郢（今湖北省荊州市荊州區城北）。後來，秦軍出手援救楚國，吳軍才返回吳國。

柏舉之戰，楚王棄都逃跑，楚國差點滅亡，這都是因為令尹子常貿然作戰。原本，左司馬沈尹戌對敵我雙方的各方面情況進行了分析，並預算不同打法的勝算概率，最後策劃了最有利的作戰計策。他在具有勝算的條件下才展開行動，然而子常卻擅自改變軍事行動，且未經謀劃就出兵，最終導致楚軍潰敗。正如孫子說的，「多算勝，少算不勝，而況於無算乎！」行軍作戰，一定要在戰前作分析，預算勝負概率。即便有較大勝算，也要謀劃好計策方能行動。

不宜長期用兵

【原文】

孫子曰：凡用兵之法，馳車千駟❶，革車千乘❷，帶甲❸十萬，千里饋糧❹，則內外❺之費，賓客❻之用，膠漆之材，車甲之奉，日費千金，然後十萬之師舉矣。

❶馳車千駟：馳車是指以四匹馬驅馳的輕型戰車，又稱駟車。駟，指代四匹馬。
❷革車千乘：裝載糧食、軍械裝備等輜重的兵車有千乘。
❸帶甲：春秋戰國時期的士兵都帶甲，這裡指士兵。
❹饋糧：運送糧草。古代把東西尊敬地送給某人，稱爲「獻」，如果是普通的交接運送，稱爲「饋」。
❺內外：內指戰爭後方，外指戰爭前線。
❻賓客：古代將出使到本國的使者，包括說客、謀士等外來人，稱爲賓客。戰爭往往與外交有關，與諸侯各國的使者的結交費用即「賓客之用」。

其用戰也貴勝，久則鈍兵挫銳，攻城則力屈[7]，久暴師則國用不足。夫鈍兵挫銳，屈力殫貨，則諸侯乘其弊而起，雖有智者，不能善其後矣。故兵聞拙速[8]，未睹巧之久[9]也。夫兵久而國利者，未之有也。故不盡知用兵之害者，則不能盡知用兵之利也。

【譯文】

孫子說：一般說來，一旦作戰，往往要動用戰車千乘，運送物資的輜重車千輛，士兵人數須十萬，運送糧草的路程有千里之遠，戰爭前後方同時耗費軍用資金，包括與外國結交的賓客費用，車輛器材的供應資金，武器裝備的維修補充等，一天下來要耗資千金乃至上萬，這樣才能組織起一支有充分準備的十萬大軍。

基於這些條件才能作戰，可見戰爭拖延久了就會造成軍隊疲憊，士氣銳減則導致攻城時力量不足。此外，長期用兵，耗費人力財力，國家財政也會因此發生困難。這個時候，敵國就會乘虛而入。即使足智多謀的人，也難以收拾這種殘局。

用兵的法則，只聽說即使戰法笨拙也要速戰速決，而沒有見過為了求作戰的巧妙而使軍隊陷入曠日持久的交戰。長期用兵卻能對國家有利，這樣的事情，自古至今未曾有過。所以說，不能全面了解戰爭弊端的人，也就不會清楚戰爭期間正確用兵的有利之處。

【歷史再現】

孫皓窮兵黷武

孫皓是三國時期吳國[10]的末代君王。他即位之初，施行仁政，使國民得到修養，一時被譽為賢德的君主。然而他的仁德沒有堅持多長時間，不久他就變得粗暴驕橫，開始沉溺酒色，大興土木，濫殺忠臣。他不聽將軍陸抗的忠告，濫用軍兵長期對外作戰，最終導致了吳國滅亡。

西元二七二年，鎮守西陵的吳國將領步闡投降了晉朝[11]。晉軍派部隊來迎接步闡，吳將陸抗率軍擊退晉軍，並殺了叛將步闡。晉軍將領羊祜（ㄏㄨˋ）鎮守襄陽，為了打敗能善守的陸

---

❼力屈：力量不足。

❽兵聞拙速：原句順序爲「聞兵拙速」，意思是只聽說用兵打仗即使戰法笨拙也要求速勝。

❾未睹巧之久：沒見過戰法巧妙卻使戰爭拖延長久的。

❿【吳國】指二二九年孫權建立的東吳（二二九年～二八〇年），亦稱孫吳，一開始以荊州爲都城，後又遷移了幾次。

抗，他採取和解的態度對待東吳的百姓：部下掠奪了東吳的財物，他便責令其歸還，並下令不許傷害東吳的男女老幼；行軍時如果掠奪了東吳的莊家，就讓人送絹帛或其他物資來給東吳百姓作補償。羊祜做了各種籠絡東吳百姓的事情，陸抗都知道他的真正用意。此時，東吳國力遠不如晉，兩方不交戰對吳國是最有利的。於是，陸抗也用同樣的態度來對待地方的商人和百姓，還經常與羊祜互派使者往來，表示友好。一時間，吳、晉的部分邊境地區甚至出現了友好的局面。

吳君孫皓聽說晉、吳的邊境有通好現象，就派人責問陸抗。陸抗回答說：「如果我不友好對待晉，就反倒顯得羊祜有德能，這不是反而對他有利了嗎？」孫皓雖知陸抗有理，但仍屢次出兵攻晉。此前孫皓大興土木建築宮殿花園，早已使得吳國百姓筋疲力竭。現在他又不斷出動軍隊，致使國內財力物力嚴重耗損。陸抗向孫皓上書諫言說：「現在我們應該抓緊農業生產，儲備糧食物資，使國家富裕，軍兵有了經濟後盾才能強大。君王您應該整頓國民上下，使官員在他的位置上發揮職能，使百姓遵守道德法律，安心生產，這樣才能安撫臣民。現在有的將領為了追求名聲而胡亂用兵，你放任他們不管，自己也好戰。戰爭耗費的資財動以萬計，我們的士兵疲勞不堪。您這樣做，非但沒有削弱敵人，反倒使得我們大受損耗。長此以往，即使吳軍獲得了一時的勝利，最終結果也是得不償失。所以，應該停止戰爭，積蓄力量，等待時機。」

孫皓沒有聽取陸抗的忠告，繼續窮兵黷武。二七四年，陸抗去世。晉軍失去了最大的對手，就大舉發兵，討伐東吳。晉軍勢如破竹，分六路進攻吳國，吳國防線一擊即潰。到最後，孫皓手下沒有人肯為他效命。在西晉大軍面前，孫皓自知大勢已去，只得舉手投降。二八〇年，東吳滅亡。

三國時期的吳國曾稱霸一時，如果孫皓能把即位之初時施行的仁政堅持到底，歷史也許就改寫了。然而他窮兵黷武，使國家「病重」而不加以「醫治」，最後落了個無人肯為國效命的下場。戰爭中的糧食物資耗費巨大，遠途運送軍糧裝備等勞民傷財，又使得百姓無暇進行農業生產。所以說，國家一定不要長期陷入戰爭中。即使一再得勝，也要見好就收。

孫子說，要戰則求速勝；陸抗忠告孫皓停止戰爭。這兩者的意思都是一樣的：國家不宜長期用兵。

---

⑪【晉朝】二六三年，曹魏滅了蜀漢。兩年後，曹魏的權臣司馬炎篡奪政權，改國號「晉」，建立了晉朝，史稱西晉。

將敵人之資為我所用

【原文】

善用兵者，役不再籍[1]，糧不三載[2]，取用於國，因糧於敵[3]，故軍食可足也。

國之貧於師者遠輸[4]，遠輸則百姓貧。近於師者貴賣[5]，貴賣則百姓財竭，財竭則急於丘役[6]。力屈、財殫，中原內虛於家[7]。百姓之費，十去其七；公家之費，破車罷馬[8]，甲胄矢弩[9]，戟楯蔽櫓[10]，丘牛大車[11]，十去其六。

故智將務食於敵[12]，食敵一鍾[13]，當吾二十鍾；萁稈一石[14]，當吾二十石。

【譯文】

善於用兵打仗的人，不會一再徵調士兵，也不會多次運送軍糧。他只在國內把武器裝備準備充足，然後通過敵人獲取補充軍糧，這樣就足夠供應軍需。

國家由於興兵而貧困的原因，通常在於軍隊需要長途運輸糧食。長途轉運軍需，就會造成百姓貧困，還導致靠近駐軍的地方物價飛漲。物價飛漲就會使得國家的財政陷入危機，國

❶役不再籍：不一再徵兵。役，兵役，這裡指士兵。籍，原本指登記户籍的名冊，這裡作動詞使用，意爲徵調。
❷糧不三載：糧食不用多次運送。三，指多次。
❸因糧於敵：從敵人手中順勢奪取糧食。因，同「依」，意思是憑藉。
❹國之貧於師者遠輸：國家因興兵作戰而貧困，其原因往往在於行軍中需要遠端運糧。師，意爲行軍。
❺近於師者貴賣：近於師者，靠近駐軍的地方。貴賣，貨物賣得很貴。整句意思是，軍隊駐地的附近地區物價上漲。
❻丘役：軍賦。丘爲古代徵收軍賦的基層單位，一丘相當於當時的四個鄉村部落。
❼中原內虛於家：中原，指國內。家，指百姓。國內軍用耗資過大，百姓也因此貧困。
❽破車罷馬：罷，同「疲」。戰車破損，馬匹疲老生病。
❾甲胄（ㄓㄡˋ）矢弩：指各種戰爭用的武器裝備。甲，盔甲。胄，頭盔。矢，箭。弩，弩箭。
❿戟楯蔽櫓：戟，戈矛合爲一體的兵器；楯，盾牌；蔽櫓，一種大型盾牌，用生牛皮覆蓋在大車輪之類的巨物上，可以遮罩攻擊物，主要用來防衛，故稱蔽櫓。
⓫丘牛大車：用牛拉的輜重車輛。
⓬務食於敵：務求從敵軍處取糧就食。
⓭鍾：古容量單位，相當於六十四斗。
⓮萁秆一石：萁，同「萁」，指豆秸，泛指牛馬牲畜的飼料。石，古代容量單位，相當於六十公斤。

家財政告急，政府就會加重賦役。軍力衰弱、經濟困難，國內百姓窮困不堪，此時已經耗去了百姓所交的賦稅的七成。行軍作戰中，因車輛耗損，兵馬疲勞，盔甲、箭弩、戟盾、矛櫓等武器戰具的補充損耗，及丘牛糧車的徵用，又使得國家開支用去了十分之六。

所以，高明的將領務求用敵人的軍糧補充自己軍隊的需要。從敵國就地取糧，其一鍾就等同於從本國運來的二十鍾，敵人的一石牛馬飼料，則相當於從本國運出的二十石。

【歷史再現】

張巡取糧於敵

唐代張巡率軍保衛雍丘時，在敵眾我寡，我方糧食緊缺的狀況下，他巧取敵人糧食物資，最終戰勝了兵力將近自己四十倍的叛軍。

安史之亂⑮期間，張巡起兵討伐叛賊，他手下有一千多人。當時，唐朝將領賈賁（ㄅㄣ）率領士兵兩千人據守雍丘，張巡就到了雍丘與賈賁會合。

叛將令狐潮率兵進攻雍丘，賈賁戰死，張巡退守雍丘。之後，叛軍加大進擊力量。令狐潮聯合了李懷仙、楊朝宗、謝元同等人，率領總共四萬多的士兵來圍攻雍丘。為了養活四萬大軍，令狐潮籌集了大批米糧，用幾百艘船運到了雍丘城外。此時，張巡手下只剩下了一千多人的兵力。敵軍的軍力是自己的四十倍，自己部隊又陷入了糧食物資緊缺的困境中。雍丘城內，張巡的一千士兵個個人心惶惶。軍心不振之時，張巡採用了因糧於敵的計策。

這天夜間，張巡把千人士兵分成幾個隊伍，派精英部隊在城南挑釁敵軍，使他們前來交戰。等敵人來攻後，張巡暗中率領另兩支部隊出城。一支突然直衝叛軍陣營，一支趁敵軍不備，悄悄渡河偷襲守糧的敵軍。最後，張巡搶回敵人的大米、食鹽一千斛。搶不回來的敵軍糧食，張巡就盡量把它們燒毀。運用這個方法，張巡的部眾有了糧食保障，得以在雍丘據守了四十多天。後來，張巡又多次趁對方防守不備之時發動襲擊。叛軍的糧食被搶被燒，所剩無幾，令狐潮開始慌張了，加大了進攻的頻率。

經過幾次交戰後，雍丘城內的弓箭也不夠了。令狐潮勸張巡投降，張巡的手下有六名將領也勸張巡放棄抵抗。張巡表面上答應，暗中卻已經想出了妙計。第二天，他召來那六名將領，讓他們跪拜在玄宗的畫像前，怒叱他們的不義，然後把他們殺了。張巡這麼做後，其他士兵的作戰之心變得堅定了。之後，張巡讓人捆紮了一千多個草人，給它們套上黑色的衣

---

⑮【安史之亂】西元七五五年十二月十六日，節度使安祿山在範陽率領十五萬士兵發動叛亂。七五六年，安祿山在洛陽稱帝。安祿山的舊日好友史思明也造反，在河北起兵。安祿山和史思明的聯合叛變合稱「安史之亂」。安史之亂歷時七年，從此之後唐朝衰落。

一時間，敵軍萬箭
齊發。

服。到了晚上，張巡讓士兵用長繩繫著草人，把它們丟到城外。叛軍發現有「人」跳出牆，爭相放箭。一時間，敵軍萬箭齊發。等叛軍發現不對勁時，張巡的部隊已經把草人收回，同時收回了敵人的十萬多支箭矢。

有了這十萬多支箭，張巡的部隊士氣大振。敵軍屢次受挫，銳氣劇減。幾天後，張巡又趁夜對敵軍發動襲擊。他組織了五百勇士作為敢死隊，讓他們直衝敵軍陣營。叛軍大亂，紛紛逃命。張巡的敢死隊趁勢燒了叛軍的營帳，又追擊叛軍十幾里。這時，張巡率領其餘部隊出擊，擒拿叛將十四人，殺死了一百多個敵人。這一戰之後，叛軍不敢再攻雍丘，只得轉移了戰場。

史書《資治通鑑》說張巡「自興兵，器械、甲仗皆取之於敵」，從來不用朝廷供應。雍丘之戰，他以區區一千人，對敵四萬，屢戰屢勝。他之所以能擊退敵軍，就是因為善於「因糧於敵」。偷襲糧船、草人借箭這兩招，讓他的戰鬥力得到了大大增強，同時也使敵人的實力受到重創。

激起士氣方能勝

【原文】

故殺敵者，怒也[1]；取敵之利者，貨也[2]。故車戰，得車十乘已上[3]，賞其先得者，而更其旌旗，車雜而乘之[4]，卒善而養之，是謂勝敵而益強[5]。

故兵貴勝，不貴久。故知兵之將，民之司命[6]，國家安危之主[7]也。

【譯文】

要想戰士英勇殺敵，就要激勵他們的士氣。要想他們奮力奪取敵人的軍需物資，就必須先用財物獎勵他們。車戰後，如果繳獲敵軍的戰車有十輛以上，就獎賞最先奪得戰車的士兵。將戰車換上我軍的旗幟，然後混合編入我軍的車陣之中。要優待敵人的俘虜，而後使用他們。這就是戰勝敵人後使得自己更加強大。

所以，用兵貴在速戰速決，不要讓軍隊持久作戰。懂得用兵之法的將領，就是民眾命運的掌握者，也是國家安危的主宰者。

【歷史再現】

度尚燒自家軍營

東漢延熹[8]五年（一六三年），長沙、零陵（今湖南永州市區）兩地的七八千盜賊發動叛亂。盜賊首領自稱「將軍」，進入桂陽（今湖南省桂陽縣）、蒼梧[9]、南海[10]、交趾[11]四地作

---

❷取敵之利者，貨也：要使士兵奮力奪取敵人的物資，就要以實物獎勵他們。利，物品。貨，用貨物獎賞。

❶殺敵者，怒也：要想士兵英勇殺敵，就要挑起他們的士氣。怒，激勵士氣。

❸已上：以上。「已」同「以」。

❹車雜而乘之：將俘獲的敵軍戰車混編入我軍陣營中，爲我所用。

❺勝敵而益強：戰勝敵人而使自己更加強大。

❻民之司命：司命，古代的星名，此處指掌握百姓命運的人。聯合前句，意思是善於用兵的將領，就是民眾命運的掌握者。

❼主：主宰者。

❽【延熹】東漢漢桓帝劉志的第六個年號。

❾【蒼梧】郡名，治所位於今廣西梧州。

亂。交趾和蒼梧二郡陷入賊手，東漢政府屢次派人討伐叛軍，但效果不理想。第二年，尚書朱穆向漢桓帝劉志推薦左校令[12]度尚，桓帝於是提升度尚為荊州刺史，令其剿殺叛軍。

度尚領命帶兵，針對士兵們爭強好勝的特點，他在軍中制定了獎賞分明的制度。作戰過程中，度尚和部下同甘共苦，士兵們十分感動。與敵人作戰時，他們都爭相往前衝，與敵人拼殺。度尚的最初幾戰，取得了很好的戰績。叛賊紛紛敗逃，投降的有幾萬人。

桂陽慣賊頭領卜陽、潘鴻逃到了山谷之中。度尚率軍追擊，攻破了他們的駐地，叛賊再

士兵一走，度尚就讓自己的心腹把軍營全部點火燒了。

次敗逃。度尚的部隊一度取勝，搶奪了敵人的無數珍寶錢財。打敗敵人後，度尚按照之前制定的獎賞制度，把從敵人手中奪得的戰利品都分給了士兵。

為了徹底消滅叛賊，度尚想繼續領兵追擊。他手下的士兵卻沒有了之前的鬥志，又因為繳獲了價值不菲的財物，他們就驕傲滿足了。度尚本想嚴整軍紀，殺一儆百，激勵士氣，但他又擔心士兵們乾脆攜帶珍寶逃亡。可是，如若任由士兵這樣驕縱鬆懈下去，那軍隊必將成為一盤散沙，毫無戰鬥力。度尚想了想，心生一計。

這天，度尚召集士兵們說：「叛賊東遊西竄，擅長游擊戰，追擊攻打他們對我軍不利。此外，現在敵眾我寡，我們在各郡的援軍到來之前不可輕舉妄動。所以，我決定給你們放一天假。」士兵們聽說放假都十分高興，就結夥出去玩了。士兵一走，度尚就讓自己的心腹把軍營全部點火燒了。士兵們留在營帳中的珍寶財物都被付之一炬。他們回來後發現自己的財物變成了炭灰，個個痛哭流涕，後悔自己沒有留在營中防範敵人。度尚作痛心狀責備自己，又安撫士兵。然後他說：「卜陽、潘鴻做賊十年，他們的金銀財寶夠你們幾代享用。如今敵

---

❿【南海】所轄區域包括今廣州、海南及廣西東南部，中心是今廣州市區一帶。

⓫【交趾】西漢所設的一個郡，區域範圍在越南北部洪河流域一帶。

⓬【校令】漢代所設的大匠官職，負責修建修理宮室等建築物。

軍燒毀我們的財物，殺了他們，那他們的珍寶都是你們的了。到時你們想要多少有多少，被燒掉的這些根本不值一提。現在就看你們敢不敢拼死報仇了！」士兵們聽後大受鼓舞。

看見軍隊的士氣恢復，度尚即刻下令全軍準備好武器，餵飽戰馬。第二天一早，他讓士兵們吃了個比以往豐盛的早餐，然後就率軍進擊叛賊。度尚的軍隊勢不可當，卜陽、潘鴻駐守營壘後卻疏於防備。一戰下來，賊兵陣腳大亂，賊巢被攻破。

度尚領兵三年，最終平定了盜賊的叛亂。度尚的戰法沒有多玄妙，就是抓住「根本力量」。戰爭雖說是智謀的比拼，但沒有士兵就無法作戰。士兵可以說是戰爭的「根本力量」。然而，如果士兵沒有鬥志，那就不能算是力量。所以，要激發他們的鬥志。對敵人的怒氣是鬥志，爭名奪利也是一種鬥志。度尚燒軍營，使士兵們變驕傲鬆懈為憤怒，同時又以更大的戰後利益激發他們的鬥志，最終重振士氣。可見，抓住士兵心理，激起士氣，使他們在任何情況下都能充分發揮力量，這樣的軍隊才是一支強大的軍隊。這麼說來，戰爭中，攻敵之前其實先要攻心——俘獲士兵的心理，並採取有利的激勵措施。這樣才能使自己的軍隊更強大，從而戰勝敵人。

不戰而勝為上策

【原文】

孫子曰：凡用兵之法，全國❶爲上，破國次之；全軍❷爲上，破軍次之；全旅爲上，破旅次之；全卒爲上，破卒次之；全伍爲上，破伍次之。是故百戰百勝，非善之善者也；不戰而屈人之兵，善之善者也。

故上兵伐謀❸，其次伐交❹，其次伐兵，其下攻城。攻城之法爲不得已。修櫓轒轀❺，

---

❶全國：使敵國不戰而降。

❷軍：軍、旅、卒、伍都是古代軍隊編制單位。五人爲一伍，百人爲一卒，五百人爲一旅，五旅爲一師，五師爲一軍。一軍有一萬二千五百人。

❸上兵伐謀：上兵，上等的用兵之策。伐謀，用智謀討伐敵人。

❹伐交：交，外交。伐交，以外交爲主要作戰手段。

❺修櫓轒轀：修，準備之意。櫓，大楯。轒轀（ㄈㄣˊㄨㄣ），古代攻城用的四輪車。

具[6]器械，三月而後成，距闉又三月而後已[7]。將不勝其忿，而蟻附之[8]，殺士三分之一[9]，而城不拔[10]者，此攻之災也。

故善用兵者，屈人之兵而非戰也，拔人之城而非攻也，破人之國而非久[11]也，必以全爭於天下[12]，故兵不頓而利可全[13]，此謀攻之法也。

【譯文】

孫子說：用兵的上策是使敵國主動投降，攻打敵國就次一等。不戰而使敵人全軍降服是上策，動武打敗敵人的軍隊次之；不戰而使敵人一個旅降服是上策，擊破敵人一個旅次之；不戰而使敵人全卒降服是上策，打敗敵人一個卒次之；不戰而使敵人一個伍投降是上策，擊破敵人一個伍次之。所以說，百戰百勝並不是最好的用兵策略，不戰而使敵屈服，才算是高明中的高明之策。

因此，上等的用兵策略用謀略取勝，其次是通過外交手段挫敗敵人，再次是出動軍隊攻敵取勝，最下策是攻城。攻城是為萬不得已時才採用的策略。製造攻城的蔽櫓、轒轀以及攻城器械等，需要花費三個月的時間。修築攻城的土丘又要三個月才能完成。這個時候，將帥已經焦灼而憤怒，士兵們則被驅逐去爬梯攻城，猶如螞蟻一樣依附在城牆上。等到損傷了三分之一的兵力時，城卻還不能攻克。這就是攻城所帶來的危害。

因此，善於用兵的將領，使敵人屈服但不用武力硬拼，奪取敵人的城池卻不用強攻，消滅敵國無須長久作戰。他用謀略，以全勝的計策奪取天下。不損耗自己一方的兵力卻大獲全勝，這就是用謀略攻敵的準則。

---

❻具：修置，準備。

❼距闉又三月而後已：距，同「具」，準備之意。闉，通「堙」，向敵人根據地逐漸推進而修築的土丘，一是爲了攻敵，二是用來觀察敵情。已，完成。整句意思爲：修築攻敵的土丘又需要三個月才能完工。

❽蟻附之：使士兵們像螞蟻一樣爬上城牆（攻打敵人）。

❾殺士三分之一：三分之一的士兵被殺。

❿拔：破城而取之曰拔。

⓫破人之國而非久：滅亡敵人的國家卻無須長久作戰。

⓬以全爭於天下：全，指上文的「全國」、「全軍」、「全旅」、「全卒」、「全伍」。整句意思是力求全勝而奪得天下。

⓭兵不頓而利可全：頓，同「鈍」，破損之意。此句意爲我方的兵器未損，不耗一絲戰鬥力卻大獲全勝。

【歷史再現】

甘羅說趙得城

秦國大將甘茂的孫子甘羅，侍奉秦國丞相呂不韋。這一天，甘羅發現呂不韋悶悶不樂，就問他為何煩惱。呂不韋說：「此前，秦王想和燕國交好，我就讓綱成君蔡澤[14]去燕國做人質。不久，燕國就派太子丹來我們秦國做了人質。現在秦王想聯合燕國攻打趙國，我請將軍張唐去溝通燕國，可他堅持不肯去。我又不想為難他。」甘羅自告奮勇，請求讓自己前去遊說張唐。

原來，張唐此前曾攻打過趙國，奪取了趙國的很多土地。趙王曾在國中下通緝令說，誰要是抓到張唐就對他重重封賞。去燕國必須經過趙國，張唐不願冒這個險。

甘羅拜見了張唐，對他說：「您和武安君白起[15]都是秦國大將，您認為您倆誰的功勞更大？」張唐說：「武安君智勇雙全，建功無數，我當然不如他。」甘羅又說：「應侯范雎[16]（ㄙㄨㄟ）和現在的文信侯，他倆誰的權力更大？」張唐說：「現在的文信侯。」甘羅說：「當年應侯范雎請武安君攻打趙國，武安君故意為難他而不肯出戰。武安君戰功無數又被秦王器重，但因為他為難應侯，最後還是被貶為士兵，又被趕出都城咸陽，未等他走出咸陽七里就死在了杜郵[17]。您現在也知道文信侯權力比應侯還要大。文信侯親自請你去燕國，您卻左右推託，我不知道您將要死在什麼地方啊。」張唐聽後當即決定去燕國，讓人準備行李。

張唐出發前，甘羅又說服呂不韋讓自己先去趙國打聲招呼。呂不韋向秦王請示，秦王親自召見甘羅，任命他為使臣。甘羅就駕著五輛馬車出發到了趙國。

見到趙王後，甘羅說：「燕國太子丹到秦國做人質，秦將張唐將去燕國做國相的事情，大王您知道嗎？」趙王說知道。甘羅接著說：「秦燕結好，這是很明顯的事情了。他們必定是要聯合起來攻打趙國，大王您覺得自己能打得過他們嗎？」趙王沉默。甘羅接著說：「秦燕聯合對付趙國，趙國前後受敵，肯定損失慘重。這一戰，秦國無非是想擴張領土。依我看，大王您不如先送五座城邑給秦國，滿足他的擴張目的。然後我請求秦王把燕太子丹送回

⓮【蔡澤】曾奉事昭王、孝文王、莊襄王，最後奉事秦始皇，做了秦國幾個月的丞相，被賜予封號爲綱成君。

⓯【白起】戰國時期與秦將王翦、趙將廉頗和李牧齊名的四位將領之一，因作戰有功，秦昭王封他爲武安君。

⓰【范雎】秦國丞相，輔佐秦昭王，提出「遠交近攻，吞併六國」的策略。

⓱【杜郵】又名杜郵亭，在今陝西咸陽市東。

燕國，解除和燕國的結好盟約，回過頭來再和強大的趙國聯手對付燕國。您認為這樣更好還是讓趙國被秦、燕攻打好？」趙王很聰明，當即把秦趙交界處的五座邊境城邑割讓出來，獻給秦國。

後來，秦國把燕國太子丹送回了燕國，趙國就立即攻打燕國，攻佔了燕國三十座城邑。趙國把其中的十一座又送給了秦國。甘羅這一次出行，不費一兵一卒就同時獲得了趙國和燕國的城邑共十多座。

甘羅採用的計策既有謀略之策，又有外交之策。說服張唐是謀，其目的在於先造勢，對趙國形成壓力，再去遊說趙王。如果只是說服張唐就了事的話，秦國和燕國聯合攻打趙國，所得到的也只是趙國的城邑，而且還會給秦軍帶來損失。孫子此前說過，須「馳車千駟，

甘羅採用的計策既有謀略之策，又有外交之策。

革車千乘，帶甲十萬，千里饋糧……」又「日費千金」，才能成十萬之師。一仗打起來，國家的財力物力已經「十去其六」。要想攻城，又要修築土丘，準備戰車戰梯等，耗時耗力。總之只要打仗，即使勝利，自己一方也會有損耗。用最少乃至無的損失去獲取最大的收穫，才是最厲害的用兵之法。所以說，「不戰而屈人之兵，善之善者也」。不戰，就是不動用武力。不動武，那就只能動腦子，思考能使敵人投降的謀略或者外交手段。

力不如敵時避其鋒芒

【原文】

故用兵之法，十則圍之❶，五則攻之，倍❷則分之，敵則能戰之❸，少則能逃之，不若則能避之。故小敵之堅，大敵之擒❹也。

【譯文】

用兵的法則是：如果我方軍力十倍於敵人，那就包圍他。如果是敵人的五倍，就可以進攻。兩倍於敵就可以採取分散兵力的計策消滅敵人，兵力與敵人相當時就可以作戰抗擊。兵力比敵人少時就要避免直面作戰，兵力遠遠比敵人微弱就要遠離躲開他。弱小的軍隊如果頑固硬拼，就會被強大敵軍擒獲，成為俘虜。

【歷史再現】

子貢救魯

春秋末期，齊國田常⑤想發兵攻打魯國⑥。齊強魯弱，如果應戰，魯國必敗。孔子發動自己的弟子救魯，弟子們爭相報名。最後，孔子讓子貢去遊說齊國。

---

❶十則圍之：我方軍力是敵人的十倍就主動攻打他。下句中的「五」指五倍。

❷倍則分之：倍，比敵人多一倍，即是敵人的二倍。分，分散敵人的力量再攻打。

❸敵則能戰之：敵，能對抗敵人。此句意爲有與敵人相當的兵力就抗擊他。

❹小敵之堅，大敵之擒：小敵，弱小的軍隊。第一個「之」意爲如果。擒，擒獲的俘虜。此句意思是力量弱小的軍隊如果頑固硬拼，就會成爲強軍的俘虜。

❺【田常】又稱田成子，齊簡公時他與監止同任齊國丞相。西元前四八一年，田常殺死監止和齊簡公，立簡公弟驁爲平公。此後，田氏專齊國國政。西元前三八六年，田成子四世孫田和自立爲國君，齊國正式歸爲田氏所有。

❻【魯國】武王建立周朝後，封弟弟周公旦在曲阜（古稱魯縣，位於今山東省西南部）建立魯國，所轄區域包括今山東省南部，兼河南、江蘇、安徽三省邊境區域。西元前二五六年，楚國滅亡魯國。

子貢分析了當前的形勢，認為要說服齊軍退兵是不可能的。因為田常發兵攻魯只是幌子，他真正的目的是出動齊國國內的軍力，自己好趁機在國內作亂稱王。這樣一來，就只能轉移敵人的攻擊目標，使齊軍另外攻打其他國家。子貢心裡有了計策。

他先到齊國遊說田常：「你攻打魯國對你沒有好處啊。一旦齊軍得勝了，你的勁敵作戰有功，他們的勢力就會更大，也更受齊王寵信。您不如讓他們攻打吳國，吳國強大，你就可以藉助吳國之手剷除異己。即使消滅不了他們，吳國的強軍也會把他們困在國外，到時你可以在國內孤立國君。」田常心動了，但也很為難，說：「我已經讓軍隊開赴魯國做好部署了，現在撤兵，大臣定會懷疑我，況且我要攻打吳國總得師出有名。」子貢說：「您等著。我去說服吳國幫助魯國抗擊齊軍，到時齊國就有攻吳的理由了。」於是子貢趕赴吳國。

見到吳王後，子貢對他說：「齊國伐魯，如果得勝，齊國就會更加強大。到時吳國就危險了。如果你幫助魯國攻打齊國，不僅會獲得體恤弱國的好名聲，彰顯吳國的聲威，還會削弱齊國的力量，同時使吳國變強。那樣一來，晉國也無法與吳國抗衡了。」吳王說：「你說得對。可是我擔心自己對齊國出兵的話，我的宿敵越王勾踐會乘虛而入，攻打吳國。」子貢就又去越國，以自己的三寸不爛之舌，說服越王勾踐假裝與吳國友好。

他說：「吳王對越國放鬆了警惕，等吳國與齊國打起來的時候，越國就可以趁吳國國內空虛時攻打他。」越王勾踐一直想為會稽之辱報仇，於是聽從了子貢的建議。

說服齊國田常、吳王和越王後，子貢又擔心吳國得勝後會要脅魯國，於是他又去晉國對晉王說：「齊國要打魯國，吳國已經決定幫助魯國攻打齊國了。如果吳國勝利，吳軍的下一個目標肯定是晉國。打敗了晉國，吳國就稱霸中原了。」晉王於是做好軍隊部署，防止吳國入侵。

當子貢從晉國返回魯國時，吳國和齊國已經開戰。吳王親自率領十萬精兵，聯合越王勾踐送來的三千越軍，在艾陵與齊軍交戰。結果，齊軍誤入吳軍的埋伏，被吳軍重重圍困。吳軍大獲全勝之後，吳王夫差率軍逼近晉國，又和晉國開戰。

子貢這一次出使，使齊軍轉移目標，讓吳國充當擋箭牌，以晉國作最後的防護盾牌，最終避免了魯國陷入戰爭危難。子貢的巧妙周旋，表面上全靠一張嘴，實際上靠的是謀略。魯國力量不如齊國，打起來必定慘敗。子貢不會帶兵打仗，卻能避免完全不利於國家的戰爭發生，其實就等於打了一場勝戰。所以說，力不如敵時，要當躲則躲，當退則退。把自己的損失降到最少乃至無，讓敵人無利可圖，就已經是勝利。

子貢就又去越國，以自己的三寸不爛之舌，說服越王勾踐假裝與吳國友好。

國君不宜干涉戰事

【原文】

夫將者，國之輔❶也，輔周❷則國必強，輔隙❸則國必弱。

故君之所以患於軍者三❹：不知軍之不可以進而謂❺之進，不知軍之不可以退而謂之退，是爲縻軍❻；不知三軍之事，而同三軍之政❼者，則軍士惑矣；不知三軍之權，而同三軍之任❽，則軍士疑矣。三軍既惑且疑，則諸侯之難至矣，是謂亂軍引勝❾。

【譯文】

將帥是國君的輔佐大臣，如果將帥輔佐君主周密，國家就會強大。將帥輔佐君主有疏漏，國家就會衰弱。

國君會危害軍隊，使戰爭不利的情況有三種：不了解軍情，在軍隊不能前進的情況下命令軍隊前進，或者在軍隊不能撤退的情況下命令軍隊撤退。這種情況就會牽制軍隊，使軍隊的進退受到束縛。第二種是對三軍內務不熟悉卻插手，干預軍政，使士兵們不知道聽誰的命

令而迷惑。第三種是不懂兵法，不了解軍中的權變之謀，卻參與指揮，造成士兵疑慮擔憂。這個時候敵國就會趁機攻入，我軍自亂陣腳，最終使得敵軍勝利。

【歷史再現】

李牧守邊

趙惠文王[10]時期，趙國的北方邊境地區不斷遭到匈奴[11]的進犯，趙惠文王派李牧駐守邊

---

❶國之輔：國家的輔佐之臣。
❷輔周：輔佐君主很周密。
❸輔隙：輔導君主有疏漏。
❹君之所以患於軍者三：國君會危害軍隊，使戰爭不利的情況有三種。
❺謂：謂，意思是使。
❻縻軍：縻（ㄇㄧˊ），原指牛轡，引申爲羈絆、束縛之意。
❼不知三軍之事，而同三軍之政：三軍泛指軍隊。同，有干預之意。全句意爲不了解軍隊的事務和戰況卻加以干預。
❽任：指揮，統帥。
❾亂軍引勝：亂了自己的軍隊而使得敵軍勝利。

到了邊境後，李牧仍採取此前的戰略，只守不攻，養精蓄銳。

疆，防範匈奴。

李牧駐守雁門郡（現在山西省境內的右玉縣南），在代縣、雁門一帶採取積極防禦策略。他在軍中下令，匈奴來犯時士兵必須立即躲入營中，不得擅自應戰。李牧不讓士兵們出擊作戰，卻給他們吃好喝好，每天只進行軍事訓練。匈奴人認為李牧膽小，趙軍士兵也以為李牧怯戰。李牧在邊境駐守了好久，沒有殺死一個匈奴。趙王一再指責李牧，催促他發兵攻打匈奴。李牧不聽趙王的命令，幾年內都不與匈奴交戰。趙王怒了，召回李牧，另派其他將領去接替他。

新上任的將領採取了跟李牧完全不同的作戰計策，每次匈奴來犯，他都帶兵出擊。匈奴採取游擊戰術，多次打敗趙軍。幾次下來，趙軍損失慘重，戰爭還給邊境地區的百姓耕種帶來了影響。趙王不得已，又請李牧去戍守邊境。李牧要求趙王不得干涉他的軍事行動，趙王應許。

到了邊境後，李牧仍採取此前的戰略，只守不攻，養精蓄銳。匈奴因此認定李牧膽小懦弱，趙軍也沒有什麼戰鬥力。過了幾年，趙軍已經被李牧訓練得威猛無比。且士兵看匈奴屢次來侵卻不能出戰，早已憋出一身鬥志。李牧於是暗中做好部署，然後讓百姓到野外放牧，引誘匈奴來犯。匈奴派出小股騎兵試探，李牧派誘兵迎擊，誘兵與匈奴交戰後不久就假裝敗退。匈奴單于[12]想趁機滅掉李牧的全軍，於是大舉進攻，不料陷入李牧的陣法之中。李牧早

---

[10]【趙惠文王】西元前二九八～前二六六年在位，趙惠文王時有藺相如、廉頗、李牧、趙奢等賢臣大將，趙國政治清明，實力較爲強大。

[11]【匈奴】指古代蒙古大漠和草原上的游牧民族。根據《史記》，匈奴人的先祖是夏王朝的遺民。東漢初（約西元二十五年），匈奴分爲南北兩支，南匈奴進入中原内附，北匈奴從漠北西遷。

[12]【匈奴單于（ㄔㄢˊ ㄩˊ）】指匈奴的首領。

已讓精兵強將埋伏於兩側，等匈奴的大部隊一到，精兵部隊就左右夾擊他們。匈奴被趙軍重重圍困，結果損失十多萬騎兵。匈奴的實力受到了重創，匈奴單于落荒而逃。這之後的十多年，匈奴人再也不敢進犯趙國邊境。

李牧知道匈奴擅長游擊戰，如果敵人來犯我軍就進攻，我軍就陷入了被動，且不容易將匈奴一舉攻破。所以，他一開始就決定採用「欲擒故縱」之計，等待敵人驕傲鬆懈而出動大部隊時，再來個一網打盡。他只守不攻，看似變被動為「更被動」，實則是伺機而動。李牧的這一謀略，就連自己的士兵也沒看出來，趙王更沒法理解，然而李牧也不能說。因為正如孫子所說的，「兵者，詭道也。」戰法一旦說出來被敵人知道，就不能成為戰法了。所以，孫子說，國君要相信將領。相信將領的第一個要點就是不要隨便干涉軍事行動。將領已經有了抗敵的戰術，國君往往也不能得知其中的詭計，不明白而胡亂干涉就使得軍事行動被打亂，士兵們無所適從。正因此，當趙王再次請回李牧守邊時，李牧要求趙王不要干涉自己。

知彼知己，百戰百勝

【原文】

故知勝[1]有五：知可以戰與不可以戰者勝，識衆寡之用者勝，上下同欲[2]者勝，以虞待不虞[3]者勝，將能而君不御[4]者勝。此五者，知勝之道也。

故曰：知彼知己者，百戰不殆[5]；不知彼而知己，一勝一負；不知彼，不知己，每戰必殆。

❶知勝：預知勝利。
❷上下同欲：欲，心志，意願。此句意爲上下同心協力。
❸以虞待不虞：虞，準備。軍隊做好準備等待沒有準備的對方。
❹將能而君不御：御，干涉，制約。此句意爲將領有才能且君主不會干涉軍事行動。
❺百戰不殆：殆，危險。此句意爲：每次戰役都取勝而不會讓軍隊陷入危險。

【譯文】

有五種情況可以預知戰爭會獲勝：知道在什麼情況下可以作戰，什麼情況下不可以作戰，可以取勝；懂得根據兵力的多寡來採取不同的戰術，可以取勝；全軍上下齊心，團結一致，可以勝；軍隊做好準備，對抗沒有準備的敵人，可以勝；將帥有作戰才能，而且君主不會隨便干涉軍事行動，可以勝。這五條就是預知勝利的標準。

所以說，了解敵人也了解自己，百戰不敗；只了解自己而不熟悉對方情況，勝負各半，等同打平手；不了解敵人也不了解自己，則每戰必敗。

【歷史再現】

李嗣源救幽州

五代時期[6]，契丹[7]首領耶律阿保機[8]率兵三十萬圍攻晉國北方的幽州[9]。幽州守將周德威向晉王李存勗[10]求援。

李存勗召來諸位大臣將領商議對策，很多人都建議暫時按兵不動，等敵人吃完糧食撤退後再從後方追殺敵人。李嗣源[11]認為不妥，他說：「周德威堅守幽州，保衛國家，我們救他理所當然。此外，敵人一定會在糧食吃完之前對幽州發動攻擊，到那時無辜百姓必定被牽連受害。我們應該主動出擊，先發制人。我願意帶領五千騎兵做先鋒。」李存勗認為李嗣源說得對，派給他七萬人馬，讓他救幽州。

李存勗跟手下將領分析了敵我形勢，他說：「現在敵人的兵力是我們的數倍，對方又以騎兵居多。我們的騎兵少而步兵多，又有糧食物資的拖累。如果走平常的路線，我們會在平原上與敵人相遇。到時敵人的上萬騎兵向我們殺來，我軍糧食被搶劫一空，未等出戰可能就已全軍覆沒。所以，我軍最好改走山道，這樣可以隱藏行蹤。等我們神不知鬼不覺到了幽州，再與城內的守軍裡應外合，夾擊敵人。」把軍隊帶出易州後，李嗣源就讓軍隊改走山路，穿過大房嶺，迂迴向東，前往幽州。

李嗣源率領部隊日夜兼程，到達距離幽州六十里的地方時，突然與一支契丹騎兵相遇。

---

❻【五代時期】指唐朝和宋朝之間，中原地區相繼出現的後梁、後唐、後晉、後漢和後周五個朝代。

❼【契丹】中國古代東北地區的一個民族，唐朝滅亡後的九〇七年建立契丹國，後改稱遼，統治中國北方，與宋朝並立。

❽【耶律阿保機】史稱遼太祖。

❾【幽州】其範圍大致包括今河北北部及遼寧一帶。

❿【晉王李存勗】唐亡後李存勗繼晉國王位。九二三年稱帝，國號「唐」，史稱後唐。

⓫【李嗣源】晉王李克用的養子。李存勗死後，李嗣源執掌後唐政權。

李嗣源這一戰，幾次陷入險境，然而最終取勝。

契丹兵發現晉軍後也大吃一驚，他們沒想到晉軍的援兵會選擇艱難的山路前來，又因摸不清晉軍的規模，所以慌忙後退。李嗣源率領三千名騎兵先鋒追擊敵人，其大部隊緊跟其後，一直殺到了山口附近。不料契丹兵有成千上萬人列陣，擋在了晉軍前面。前方的晉軍將士個個惶恐失色，不敢向前。李嗣源知道成敗在此一舉，如果退後，晉軍必敗，向前殺敵還有可能伺機取勝。因此他摘掉頭盔衝到陣前，揚起馬鞭用契丹話怒叱敵軍。罵完後他一馬當先，高舉鐵錘，衝入敵軍陣前。晉軍士兵受到鼓舞後鬥志倍增，紛紛向前拼殺敵軍。

晉軍勢不可當，契丹軍一連後撤，晉軍大部隊得以衝出山口。由於中途遭遇敵軍，原計劃的路線改變，晉軍出了山口，繼續前進，來到了大平原上。為了防止敵軍騎兵的攻擊，大將李存審（跟李嗣源一樣，都是李克用的養子）命令士兵砍伐樹木，每人拿一根樹枝。當軍隊停下來時，晉兵就把樹枝插在營地四周，建起樹林壁壘。契丹騎兵繞著晉營路過時，李嗣源就命令士兵們放箭，契丹兵死傷無數。用這個方法，晉軍終於逐漸逼近幽州。

李嗣源知道幽州的契丹兵必定已經列好軍陣等待晉軍，為了打亂敵人的陣腳，晉軍又施疑兵之計，讓滯後的步兵拖著樹枝行進。晉軍部隊的行軍之處煙塵滾滾，契丹軍看到後誤以為晉軍的援兵非常多，非常害怕。敵人的氣勢被打壓了下去，晉軍的士氣卻大增。接著，李嗣源讓士兵們擂鼓前進，他率領騎兵奮勇衝前。契丹兵爭相丟掉鎧甲兵器逃跑了。李嗣源率軍乘勢追擊，最終把契丹兵趕出了幽州。

李嗣源這一戰，幾次陷入險境，然而最終取勝。晉軍看似僥倖，其實每一步都有玄機。因為李嗣源在作戰之前就對敵我雙方的各方面情況作了分析比較。兵力、作戰地形、敵人的戰術，自己一方可能遇到的危險，他都心裡有數，也有了應對的計策。所以，在山中遇敵以及山口遇險時，他才能鎮定自如地應對。可見，同時了解敵人和自己，才算為「心裡有底」。心裡有底，才能制定出最有利的計策，也才能掌控突發事件。一切都在預料之中，才能百戰百勝。光是了解自己，而不了解敵人，就不能預料危險。當行軍計畫被敵人打亂時，這樣的將領就會自亂陣腳，軍隊繼而變成一盤散沙。所以說，知己知彼，百戰不殆。

第四篇 軍形篇

先求不敗後求勝

【原文】

孫子曰：昔之善戰者，先爲不可勝[1]，以待敵之可勝[2]。不可勝在己，可勝在敵。故善戰者，能爲不可勝[3]，不能使敵之可勝[4]。故曰：勝可知，而不可爲[5]。不可勝者，守也。可勝者，攻也。守則[6]不足，攻則有餘。善守者，藏於九地之下[7]。善攻者，動於九天之上。故能自保而全勝也。

【譯文】

孫子說：以前善於用兵作戰的人，總是首先創造條件讓自己不被敵人戰勝，再等待戰勝敵人的時機。創造條件使自己立於不敗之地，就是掌握戰爭的主動權；接下來敵人能否被戰勝，就看敵人的表現了。也就是說，善於作戰的將領，他首先使自己一定不會被敵人戰勝，但是不一定保證自己能戰勝敵人。所以說，勝利可以預見，卻不能強求。

當無法戰勝敵人時，就先防守，等待機會；如果敵人有可乘之機，我方能夠取勝，就採

取主動進攻。防守是因為取勝條件不足，進攻是因為取勝的條件充分。善於防守的將領，會隱藏自己軍隊的情況，我方情報如同被埋在深不可知的地下；善於進攻的將領，他的部隊出擊如同神兵從天而降，使敵人猝不及防。這樣，才能保全自己從而獲得全勝。

【歷史再現】

劉邦攻嶢關

西元前二〇六年，劉邦率兵入關滅秦，打到了嶢關（位於今西安市藍田縣城南）。嶢關是從中原進入秦都咸陽的交通要道，也是秦軍設防的最後一道關卡。此時，秦軍的兵力尚

---

❶先爲不可勝：先讓自己不被敵人戰勝。
❷以待敵之可勝：等待戰勝敵人的時機。
❸能爲不可勝：能使自己不被敵人戰勝。
❹不能使敵之可勝：不一定能使敵人被我方戰勝。
❺不可爲：不可以強求。
❻則：意爲「是因爲」。
❼藏於九地之下：九指最大之數。此句意爲藏在深不可測的地下而使敵人無從窺視。

劉邦贊同張良的計策，率軍攻入嶢關。

存，除了秦王子嬰[8]派來駐守嶢關的兵力外，還有一部分在嶺南諸郡，另一部分由駐守在塞北的蒙恬率領，有百萬之軍。

劉邦手下只有兩萬兵力，遠遠不如秦軍，但他求勝心切，想立刻率軍攻打嶢關。劉邦的謀士[9]張良認為不妥。他說：「秦軍的力量還很強大，不能輕舉妄動。雖然敵軍據守嶢關的只是一部分兵力而已，但他們扼守險要，佔據地理優勢。為防不測，請您先讓酈食其[10]帶上黃金寶物，去跟嶢關的秦軍守將談和。我聽說嶢關的守將是個貪財好利的市儈屠夫，應該很容易說服。與此同時，我們在嶢關周圍增設疑兵，虛張聲勢，使敵人不明虛實。敵人以為我們兵多，必定投降。」

劉邦採用張良的計策，派酈食其帶上厚禮去與秦守將說和。酈食其對嶢關守將曉之以情，動之以理，很快把他說服。守將答應與劉邦聯合，攻入咸陽。劉邦十分高興，打算等待時機，聯合嶢關的秦軍進攻咸陽。張良這時候卻改變了作戰計策，他對劉邦說：「秦軍將領雖然投降於我們，但我們不能保證他的部下也會跟他反叛秦朝。如果作戰中他的士兵反悔，我們就會反被敵軍攻擊。敵軍現在已與我們談和，必定放鬆了戒備。我們不如趁機攻打他們，一定可以取勝。」劉邦贊同張良的計策，率軍攻入嶢關。

此前，劉邦安排了疑兵在山頭造勢，讓秦軍誤認為他們的士兵眾多。如今劉邦突然率軍攻來，秦軍大驚而不知所措。秦軍節節敗退，最後退守藍田。劉邦率兵追擊，一路嚴令士兵不得干擾百姓，以收攏民心。結果，劉邦的軍隊贏得了秦地百姓的支持，他順利引兵繞過嶢關，打敗藍田的秦軍，最終攻入了咸陽。秦軍大勢已去，秦王子嬰只好投降。

---

❽【子嬰】秦始皇的孫子，秦二世胡亥的姪子，在位僅四十六天。

❾【謀士】給決策者出謀劃策的人。

❿【酈食其（ㄌㄧˋ ㄧˋ ㄐㄧ）】劉邦的謀士，劉邦與項羽爭天下時，他出使齊國說服齊王田廣歸附劉邦，田廣答應了。韓信此前領命攻打齊國，沒有收到撤軍的命令，於是依舊發兵。田廣認爲酈食其欺騙自己，於是煮死了他。

劉邦曾說，張良能夠「運籌帷幄之中，決勝千里之外」。嶢關這一戰，充分體現了張良的用兵才能。他不像劉邦一樣，未作分析就想進攻。他先對敵我分析形勢作了分析，認為己方勝利的把握不是很大，於是先創造條件（讓酈食其去說和，增設疑兵威懾敵人），使自己一方先立於不敗之地。張良防患於未然，且讓敵軍不知道我軍虛實，這一戰略，正應對了孫子所說的「善守者，藏於九地之下」。等到敵人同意和解而鬆懈之時，張良卻再次分析，改變對策，讓劉邦率兵突擊。敵人已經談和，怎麼會料到對方發動攻擊？劉邦軍隊如「動於九天之上」，敵人猝不及防。張良這一戰的總謀略，正符合孫子的作戰思想：先使自己立於不敗之地而後求勝，因此劉邦得以大獲全勝。

打敗注定失敗的敵人

【原文】

見勝不過眾人之所知❶，非善之善者也。戰勝而天下曰善，非善之善者也。故❷舉秋毫❸不爲多力，見日月不爲明目，聞雷霆不爲聰耳。

古之所謂善戰者，勝於易勝者也❹。故善戰者之勝也，無智名，無勇功。故其戰勝不忒❺。不忒者，其所措必勝，勝已敗者也。故善戰者，立於不敗之地，而不失敵之敗也❻。

❶見勝不過眾人之所知：見，預見。不過，不超出。預見勝利但未超出常人的見識。
❷故：也就是說。
❸秋毫：獸類在秋天長出的幼毛，比喻極其輕微的東西。
❹勝於易勝者也：易勝者，容易獲勝的情況。此句意爲在容易獲勝的情況下取得勝利。
❺忒：差錯，失誤；不忒，不出差錯。
❻不失敵之敗也：失，失去。此句意爲不放過使敵人失敗的機會。

【譯文】

將領可以預見勝利，但他的預見不能超過平常人的見識，這算不上最高明。交戰後取勝，且獲得天下人的稱讚，也算不上是高明中的高明。也就是說能舉起秋毫算不上力氣大，看得見日月算不上視力好，能聽見雷鳴算不上耳聰。古代所謂善於用兵的人，不過是戰勝了那些容易戰勝的敵人。

所以，真正善於用兵的人，他沒有智慧過人的名聲，他的戰功也許並不勇武顯赫，他打的勝仗卻一定不會有任何失誤之處。他作戰之所以不會出現任何閃失，是因為他戰勝的是早已注定失敗的敵人。總之，善於用兵的將領，他首先使自己始終處於不被戰勝的境地，然後絕不會錯失任何可以擊敗敵人的機會。

【歷史再現】

淺水原之戰

唐高祖武德元年（六一八年）五月，李淵稱帝。「西秦霸王」[7]薛舉不服，在涇州（今甘肅涇川縣北五里）、豳州（今陝西彬縣）、岐州（今陝西鳳翔）一帶作亂。李淵派兒子李世民率領劉文靜、殷開山等將領，帶兵抗擊薛舉。兩軍的第一戰，薛舉僥倖取勝。不久，薛舉病死，他的兒子薛仁杲繼續領兵反唐。

薛仁杲派部下宗羅睺抗擊唐軍，宗羅睺和李世民在高墌（ㄓˊ）城（今陝西省長武縣）對峙。唐軍最初施行防守政策，豎起壁壘，屢次引誘敵軍出戰。宗羅睺自恃兵多且猛，多次發動進攻，唐軍堅守不出。敵軍屢次進攻卻毫無收穫，將士疲憊不堪。相持六十多天後，李世民見戰機已到，就在淺水原列陣，再次引誘敵軍。宗羅睺中計，率軍出擊，結果被唐軍打得潰敗而逃。

宗羅睺率領殘部逃往薛仁杲的駐地折墌城（今甘肅涇川東北）。李世民想率領二千多騎兵追擊敵人，唐將竇軌認為應先修整，不要大意輕心，貿然攻入敵軍的中心。李世民認為唐軍勢如破竹，機不可失，毅然率領二千多騎兵追趕敵人。唐軍在涇水南岸截住了宗羅睺的部隊，又與之交戰。宗羅睺戰死，他的部隊最終未能進入折墌城。之後，李世民又率領騎兵直趨折墌城。薛仁杲的部下見薛軍大勢已去，紛紛投降。薛仁杲無奈，被迫率領一萬多士兵出城投降。唐軍平定了隴西，保障了關中安全。

唐軍勝利後，唐朝諸將問李世民：「打敗宗羅睺之後，大王就去攻敵人的守城。當時我

---

❼【西秦霸王】大業十三年（六一七年），隋朝衰落，各地英雄豪傑紛紛起兵反隋。薛舉在金城一帶開倉救濟災民獲得支持，於是自稱西秦霸王，年號泰興，不久後在蘭州稱帝。

們只有騎兵兩千，又沒有攜帶攻城的兵器戰具。我們都認為難以取勝，結果敵人卻不戰而降，這是為什麼？」李世民說：「宗羅睺的部下士兵都是驍勇善戰的隴外人，如果我們放他們進入折墌城，他們得到休息後，實力就會恢復。到時攻打他們就很困難。反之，我們擊敗了宗羅睺，折墌城的防守就失去了根本力量。我們突襲城下，敵軍毫無防備，所以會投降。因此勝利是必然的。」

孫子說，戰爭的勝利如果不超出常人的知識範圍，不算是高明之計。淺水原一戰，唐軍在淺水原擊敗敵軍後，李世民就「貿然」追擊，最後唐軍「僥倖」取勝。李世民似乎犯了戰爭中的輕敵錯誤，其實並非這樣。他的勝利出乎常人的意料，卻在自己的預料之中。這正是孫子說的高明中的高明。在只有少數騎兵的劣勢之下，李世民對敵我狀況有冷靜的分析，提出「勢如劈竹，機不可失」的作戰謀略。抓住自己一方的優勢，料想敵人必定會失敗，所以他沒有錯失機會放過敵人。能夠打敗注定失敗的敵人，看似容易，其實需要周密的分析、足夠的智謀以及當機立斷的勇氣。所以，孫子說，善戰的人，他用兵不會出現任何錯誤，因為他打敗的是注定失敗的敵人。

心存僥倖往往不能取勝

【原文】

是故勝兵先勝而後求戰，敗兵先戰而後求勝。善用兵者，修道而保法❶，故能爲勝敗之政❷。

【譯文】

所以，打勝仗的軍隊總是在具備了必勝的條件之後才出戰，而打敗仗的部隊總是先交戰，然後在戰爭中企圖僥倖取勝。善於用兵的人，修明德政，研究致勝之道，堅守用兵法則，所以可以主宰勝敗。

❶修道而保法：修明德政，堅守兵法的準則。

❷能爲勝敗之政：可以掌握勝敗的主動權。

【歷史再現】

城濮之戰

西元前六三四年，晉國崛起，與楚國爭中原霸主地位。楚國為了扼制晉國勢力的東進和南下，聯合陳、蔡、鄭、許四國的軍隊，出兵攻打宋國。晉國以救宋為名，出兵中原。晉軍渡過黃河後，先後攻打了曹國，討伐了衛國。曹國和衛國是楚國的屬國，晉軍本意是攻打它們以引誘楚軍前來，無奈楚軍不上當，仍舊攻打宋國的首都商丘。西元前六三二年春，晉國國君晉文公改變作戰策略，挑起秦國、齊國這兩個國家和楚國的矛盾，準備聯合秦、齊攻打楚國。

楚成王聽說晉軍的戰略後，認為晉、齊、秦三國聯盟軍隊強大，他決定撤軍，於是命令楚軍將領子玉率兵回國。子玉曾在戰前被楚國大臣蒍賈[3]評說沒有用兵打仗的才能，心裡不服氣，堅決請戰，以消除有關他指揮無能的流言。成王見子玉鬥志高昂，就動搖了撤軍的決心，但他又不肯給子玉增撥充足的決戰兵力，最終只派給他一支約有兩百人的小股援軍，希望他能僥倖取勝。

晉國早已決定與楚軍打一仗，而且為了減少敵人，晉國還與曹國、衛國謀和，以歸附晉國為條件讓他們復國。暗中，晉軍又聯合秦、齊、宋的軍隊，制定了周詳的作戰計畫。

子玉派使者對晉國的君臣說：「只要晉國允許曹、衛復國，楚國就從宋國撤軍。」子玉知道晉國不會答應這個要求，他分明就是去挑戰的。子玉的挑戰正中晉軍的心意。為了激怒子玉，晉軍扣留了

楚軍左翼大敗，子玉見大勢已去，只好下令中軍迅速撤退。

❸【蔿賈】任楚國司馬一職，主管軍政軍賦，官職比令尹小。伐宋之前，令尹子玉進行閱兵，一天下來，用鞭打了七個士卒，用長箭刺穿了三個士卒耳朵。眾人多稱讚子玉治軍嚴整，剛任司馬的蔿賈卻說子玉不會治民，也不善於帶兵，如果帶兵超過三百乘（共二萬二千五百人），一定會打敗仗。

楚國的使者。聽說曹、衛兩國反楚歸晉，又得知使者被晉軍扣留，子玉怒不可遏，當即命令全軍從宋都撤退，專攻駐守衛國的晉軍。

晉軍按照作戰計畫，主動「退避三舍」❹，誘敵深入，把楚軍引到了預定的戰場——城濮（河南濮城）一帶。這時，齊、秦、宋諸國的軍隊陸續抵達，與晉軍會合。晉、宋、齊、秦聯軍有戰車一千輛，軍隊士氣高昂，積極籌備作戰。楚國只有陳、蔡兩國的援軍，戰車僅有一千兩百輛，且陳國❺和蔡國的軍隊戰鬥力薄弱。子玉將軍隊分成中、左、右三軍，由自己指揮中軍主力，陳、蔡軍隊組成的右翼軍由楚將子上統率，左翼軍也是楚軍，由子西指揮。

西元前六三二年四月，決戰開始了。晉軍針對楚軍的部署情況，首先擊潰由陳、蔡軍隊組成的楚軍右翼，然後主力假裝撤退。子玉不知是計，下令左翼軍追擊，不料被晉軍的伏兵夾擊。楚軍左翼大敗，子玉見大勢已去，只好下令中軍迅速撤退。楚軍向西南撤退到連谷時，子玉羞愧自殺。

城濮之戰，晉軍獲得秦、齊聯盟之後，軍隊實力大增。楚成王看到了這一點，本已做出撤軍的明智選擇，但他最後被子玉誤導。楚王想作戰取勝卻又不肯多派援兵，幻想齊王將領僥倖取勝。子玉作為一軍將帥，不從戰爭的實情出發，而是因個人私怨而戰。他的意氣用事，跟楚成王的優柔寡斷一樣，都是心存僥倖而出戰。戰爭不僅是士兵人數的比拼，更是智謀的比拼。有計劃的一方，戰爭的每一步都在自己的掌握之中。沒有計劃，只想著用蠻力死拼，即使勝利也是僥倖的。然而在有戰備的強大軍隊面前，這樣的僥倖勝利也是不可能的。因為戰爭的勝敗和將領的品德才能、軍隊的強弱、智謀的高低有關，和僥倖無關。毫無準備或不具取勝條件卻硬拼，往往戰敗。

---

❹【退避三舍】晉文公做國君前曾流亡國外，途徑楚國時，他受到楚成王的厚待。當時晉文公答應，如果有一天自己做了晉王，而晉楚交戰，那麼兩軍相遇時，他會退避三舍，也就是退讓九十里再交戰。城濮之戰時，晉軍兌現「退避三舍」的諾言，主要是爲了轉移戰場。

❺【陳國】是西周至春秋時期的諸侯國，轄地在今河南東部。

勢不可當，才能取勝

【原文】

兵法：一曰度❶，二曰量❷，三曰數❸，四曰稱❹，五曰勝❺。地生度，度生量，量生數，數生稱，稱生勝。故勝兵若以鎰稱銖❻，敗兵若以銖稱鎰。勝者之戰民也，若決積水於千仞❼之溪者，形也。

【譯文】

用兵之法：一是度，即估算土地的面積；二是量，推算物資資源的多少；三是數，統計士兵的數量；四是稱，即比較雙方的軍事綜合實力；五是勝，推算出勝負的判斷。

土地面積的大小決定物力、人力資源的多少，人力與物資的容量決定可投入戰爭的兵力數目，士兵的多寡決定雙方兵力的強弱，衡量雙方實力就可以得出勝負的概率。

獲勝的軍隊與失敗的一方相比，就如同用「鎰」來稱「銖」，具有絕對優勢。而失敗的軍隊對於獲勝的一方就如同用「銖」來稱「鎰」。勝利者一方指揮打仗，就像積水從千仞高

的山澗順流直下，勢不可當，這就是軍事實力的表現。

【歷史再現】

辛棄疾生擒張安國

南宋時，金國[8]時常入侵中原，農民領袖耿京組織了一支抗金的義軍。時年二十一歲的

❶度：度量土地面積，分析地理形勢。
❷量：計量人力與物資資源的多少。
❸數：可動員的兵力數目。
❹稱：衡量比較敵我實力。
❺勝：勝負的概率。
❻以鎰稱銖：鎰和銖都是古代重量單位，一鎰等同於五百七十六銖，二十四銖爲一兩。以鎰稱銖指實力懸殊。
❼仞：古代長度單位，八尺爲一仞。此句意爲如同八千尺上的流水順勢而下，勢不可當。
❽【金國】女眞族於一一一五年建立的封建王朝，統治中國東北和華北地區。開朝皇帝是金太祖完顏阿骨打，一開始建都在寧府（今黑龍江阿城區）。

這一戰，辛棄疾沒有損失一個士兵就從金軍大部隊中生擒了叛徒張安國。

辛棄疾投奔了耿京的抗金部隊，他勇敢有謀，深受耿京的器重。後來，耿京派辛棄疾率領一支隊伍到宋都建康[9]，與宋朝廷共商滅金的大策。就在辛棄疾返回時，耿京被叛徒張安國殺死了。張安國率領義軍投降了金軍。

辛棄疾聽說這個消息後非常憤怒，他決定為耿京報仇。他對隨行人員說：「耿大哥帶領我們抵抗外敵，他曾與我們同生共死。如今，他被叛徒殺害，我們不為他報仇的話，還有什麼情義可言！」宋朝廷派出的使臣王世隆也說：「我奉皇上詔令召見耿元帥，沒想到他被叛徒殺害，現在只有捉住叛徒張安國，為耿元帥報仇，我才能向皇上覆命。」此前耿京派給辛棄疾的隊伍共有一千多人，他們也都表示要上陣擒拿張安國，為領袖報仇。

辛棄疾分析了敵我形勢，他說：「如今張安國肯定已經跟隨金國大軍撤走了，敵人有千軍萬馬，我們只有一千多人。雖然敵眾我寡，但是沒有什麼可怕的。敵人自恃兵多，一定疏忽防備，況且，他們肯定想不到有人會深入他們的陣營中心。我們挑選精兵暗中奔襲，不用大張旗鼓，敵人就不會發現。進入敵營後，我們選準目標，發動突襲，只要動作迅速，一定可以成功！」眾人齊聲贊成辛棄疾的計畫，當即有士兵報名參加突襲行動。

辛棄疾從中挑選了五百名精銳的騎兵，準備好戰具和乾糧後出發了。義軍日夜兼程，終於趕上了金軍的大隊。當時已是夜幕十分，金軍駐守在濟州（今山東巨野縣）。正如辛棄疾預料的，金軍毫無防備。辛棄疾派出的偵察兵回來報告說，張安國與金軍主將正在帳中暢飲。辛棄疾帶領五百輕騎兵以疾風之速衝入金軍大營，未等金軍士兵反應過來，他們已經殺入大帳之中。金軍主將見勢不妙，拔腿就跑。張安國也想逃跑，辛棄疾一腳把他踢翻在地。

---

❾【建康】今江蘇南京市，是三國吳，東晉，南朝宋、齊、梁、陳等六朝的古都，六朝時期的政治、經濟、文化中心。

就在辛棄疾的下屬士兵把張安國捆綁到馬背上時，金軍的部分士兵殺進帳來了。辛棄疾毫不畏懼，一馬當先衝在隊伍前面，奮力拼殺敵人，為部隊開出了一條血路。未等金軍主將做好部署，辛棄疾等人已經策馬奔馳，離開了金軍駐地。

這一戰，辛棄疾沒有損失一個士兵就從金軍大部隊中生擒了叛徒張安國，把他帶回了宋都建康。辛棄疾能夠以少勝多，完全是因為他抓住了作戰的「勢」。辛棄疾的部隊人員雖少，但都是精兵強將，而且都抱有殺敵報仇的意志。強大的鬥志，是一種「勢」。再者，宋軍在敵人毫無防備的情況下發動目標明確的突襲，佔據有利時機，這又是一「勢」。在這種情況下，金軍再多的兵力也不過如同「銖」那麼少，而佔據先機和主動權的義軍部隊卻有「鎰」一般的優勢。兩方實力一對比，辛棄疾的部隊勢不可當。孫子說，所謂勢，就像積水從千仞高的山澗順流直下。義軍部隊的作戰正是如此，他們以迅雷不及掩耳之勢突襲敵人，生擒叛徒，全程如同流水自高山而下，一氣呵成，所以一戰成功。

正兵對戰，奇兵制勝

【原文】

孫子曰：凡治眾如治寡❶，分數❷是也。鬥❸眾如鬥寡，形名❹是也。三軍之眾，可使必受敵而無敗者，奇正❺是也。兵之所加，如以碫投卵❻者，虛實是也。

凡戰者，以正合❼，以奇勝❽。故善出奇者，無窮如天地，不竭如江河。終而復始，日

---

❶治眾如治寡：眾指大部隊，寡指小部隊。此句意爲，管理大部隊就跟管理小部隊一樣。

❷分數：分和數同意，指軍隊的組織和人員編制，要分級管理。

❸鬥：指揮。

❹形名：指旌旗和金鼓等指揮工具和命令暗號。

❺奇正：古代兵法常用術語。常規的戰術，也就是意料之中的，稱爲「正」；特殊的、變化的戰術，不在意料之中的，稱爲「奇」。

❻以碫投卵：碫（ㄉㄨㄢˋ），磨刀石，泛指堅硬的石塊。以碫投卵即以卵擊石。

月是也；死而復生，四時是也。聲不過五[9]，五聲之變，不可勝聽也[10]。色不過五[11]，五色之變，不可勝觀也。味不過五[12]，五味之變，不可勝嘗也。

戰勢不過奇正，奇正之變，不可勝窮也。奇正相生，如環之無端，孰能窮之？

【譯文】

治理大軍同治理小隊一樣，本質都是規劃軍隊的組織，進行人員編制，依靠的是合理的組織、結構、編制。要想指揮有效，須依靠明確、高效的指揮系統。治理和指揮有效之後，要想整個部隊與敵軍對抗時不會失敗，還得正確運用「奇正」的戰術。巧妙運用「奇正」之術攻擊敵人，就能夠以實擊虛，攻打敵人就如同用石頭砸雞蛋一樣容易。

大凡作戰，都是派正兵與敵人進行正面交戰，而用奇兵制勝。善於運用奇兵取勝的人，其戰法的變化就像天地運行一樣沒有窮盡之時，像江海一樣永遠不會枯竭。戰術周而復始運用，如日月運行與四季更迭一樣，去而復來。雖說樂聲不過宮、商、角、徵、羽這五個音階，然而五音的變化組合產生的音樂，永遠也聽不完；顏色不過紅、黃、藍、白、黑這五種，但五種色調的組合而成的風景卻永遠看不完；味道不過酸、甜、苦、辣、鹹這五味，而五種味道調配出來的滋味，卻是嘗不勝嘗的。戰術說到底也就一「奇」一「正」，但「奇」「正」的組合變化卻同樣無窮無盡。奇正相生，相互轉化，其變化無窮猶如圓環旋繞，沒有盡頭。奇正之術，誰能用得完呢？

【歷史再現】

劉邦奪成皋

漢二年（前二〇五年）五月，劉邦率領漢軍駐守滎陽（今河南鄭州滎陽），對抗項羽。滎陽及其西面的成皋（今滎陽市西成皋城）是入函谷關（今河南靈寶東北）的咽喉，特別是成皋，控制著西入洛陽的水陸交通，是獲取糧食的重要通道，因此具有十分重要的戰略地位。自五月起，漢、楚兩軍為爭奪該地展開了一場持久的對峙之戰。

一開始，劉邦的軍隊由於剛戰敗彭城⓭，勢力較為微弱。為了加固力量，劉邦採用張良

❼以正和：以正兵與敵人交戰。和，交合，交戰之意。
❽以奇勝：以奇兵取勝。
❾聲不過五：古代有五個音階：宮、商、角（ㄐㄩㄝˊ）、徵（ㄓˇ）、羽。
❿不可勝聽也：聽之不盡。
⓫色不過五：五色爲青、黃、赤、白、黑。
⓬味不過五：五味爲酸、鹹、辛、苦、甘。

制定的謀略，一邊遊說黥布[14]倒戈，以從南面牽制楚軍，一邊加緊部署漢軍的「奇兵」，從敵人後方及側翼襲擾牽制楚軍。劉邦派人聯絡彭越，讓他帶兵襲擊項羽後方。由於漢軍的正面兵力遠遠不如楚軍，劉邦又讓後方的蕭何徵集軍士，運送糧食，支援前線。此外，劉邦同時採納陳平的計策，施離間計除掉楚軍中的勁敵，瓦解楚軍的實力。

進行多方面的部署後，漢軍的後方得到了一定程度的鞏固，但正面戰場的形勢仍舊不樂觀。項羽看見漢軍的勢力逐日遞增，他也不敢鬆懈，徵調了更多的兵力進駐滎陽和成皋，並以牙還牙，多次派人侵擾漢軍的糧道。漢軍的總兵力本就比楚軍少，在滎陽、成皋與楚軍對峙的力量更是遠遠不如對方。如今項羽大舉進逼滎陽，劉邦心急了，派使臣同項羽講和。項羽不答應，劉邦就以瞞天過海之計，逃了出來。楚軍率兵追擊劉邦，攻下了成皋。

劉邦逃回到關中後，採用謀士轅生的計策，徵集兵力並調出武關（今陝西商南東南）。項羽見狀，也從滎陽調出兵力，抗擊漢軍。與此同時，劉邦一方面讓在北方戰場的韓信加大對滎陽楚軍的進攻力度，一方面讓彭越加強對楚軍後方的襲擊。韓信率軍南下，進駐黃河北岸，與劉邦及滎陽的漢軍互相策應。項羽無奈，只得調兵南下。彭越不負劉邦所望，率軍攻襲楚軍後方，直接進逼楚都彭城。項羽聽聞都城危險，急忙率軍返回攻打彭越。劉邦趁機奪取了成皋。

項羽擊退彭越後，返回滎陽攻打漢軍，再次奪回成皋。劉邦採取此前的戰略，一面派韓信開闢戰場，轉移滎陽的楚軍，一面派劉賈率兩萬人馬增援彭越，以加大對楚軍後方的攻襲。彭越得到援軍後很快攻佔了楚地睢陽（今河南商丘南）、外黃（今河南杞縣東北）等十七座城池。

彭越、韓信的軍事行動給項羽的後方和側翼造成了嚴重的威脅，項羽再次離開正面戰場，率兵攻打彭越。臨行前，項羽告誡成皋的守將曹咎說：「死守成皋，即使漢軍挑戰也不要出擊。十五天內我一定回來。」項羽離開成皋後，很快收復了十七座楚國城池。他繼續攻打彭越的遊軍，但未能將他消滅。然而未等項羽回來，楚將曹咎就中了漢軍的激將計怒而出兵。漢軍早已做好部署，楚軍大意進攻，結果楚軍兵敗如山倒，曹咎等將領引咎自殺。漢軍再次奪回了成皋，並乘勢打到了廣武（今滎陽東北）一線，奪取了敖倉的糧食，以充軍用。

⓭【彭城】又名涿鹿，是今江蘇徐州的舊稱。項羽殺死秦王子嬰後，自封西楚霸王，建都彭城。第二年即漢二年（西元前二〇五年），劉邦趁項羽討伐齊國田廣及趙國陳餘這兩支反楚勢力時，率軍攻打彭城。項羽率軍返回救彭城，大敗漢軍。

⓮【黥（ㄑㄧㄥˊ）布】又叫英布，曾跟隨項羽，後被項羽封爲九江王。田廣反楚時，項羽命令黥布出兵，黥布不聽命，因此與項羽產生嫌隙。劉邦利用黥布與項羽的矛盾，派人遊說黥布反楚歸漢。黥布被說服。

項羽率軍返回時，已經無力再奪成皋，只得與漢軍對峙於廣武。成皋之戰後，楚軍的軍力大大減弱，漢軍則繼續施行以奇兵攻襲後方和側翼的方式，削弱楚軍的正面兵力。楚漢對峙幾個月後，楚軍糧食缺乏，進退兩難，最終陷入了被動。項羽逼不得已，答應與劉邦談和，以鴻溝[15]為界，中分天下，並放回劉邦的父親。

成皋之戰，漢軍在正面戰場的實力遠不如楚軍，劉邦兩次奪城卻都能獲勝，關鍵就在於漢軍的戰略是以「奇」術為主。漢軍的「正兵」就是劉邦率領的部隊，「奇兵」就是從後方屢次襲擊楚軍的彭越軍隊以及從側翼分散楚軍兵力的韓信部隊。劉邦自知自己的正面實力不能抵抗項羽，所以堅守成皋，兩次都是等到項羽率軍離去時才出擊。漢軍巧妙運用「奇正」之術，掌握了戰爭的主動權。一旦掌握了戰爭的主動權，就可以選擇有利的時間地點對敵軍發動襲擊。所以說，善於結合「奇」、「正」戰術指揮作戰，就可以如同拿石頭砸雞蛋一樣攻打敵人。

⓯【鴻溝】連通黃河和淮河的古代運河，在今河南省鄭州滎陽，《史記・河渠書》記載：「滎陽下引河東南爲鴻溝。」

出擊敵人，動作要迅猛

【原文】

激水之疾，至於漂石者[1]，勢也。鷙鳥[2]之疾，至於毀折者[3]，節[4]也。是故善戰者，其勢險，其節短，勢如彍弩，節如發機[5]。

【譯文】

湍急的流水之所以能讓大石頭浮動，是因為使它的巨大衝擊力產生了力道；猛禽捕捉雀

---

❶至於漂石者：以至於可以漂浮石頭。者，無意義。
❷鷙鳥：一種凶猛的鷹隼。
❸毀折者：毀滅折損（弱小的鳥雀）。
❹節：節奏，指以迅猛的節奏俯衝殺傷獵物。
❺發機：觸發扳機。

鳥，一舉可將對手毀滅，是因為它掌握了最有利於爆發衝擊的時空位置，所以動作迅猛。所以善於指揮作戰的將領，他所造成的態勢也是險峻的，攻擊敵人的節奏同樣短促有力。其攻勢之險，就如同滿弓待發的弩那樣，其節奏之短，如同搏動弩機那樣突然。

【歷史再現】

孫權速攻皖城

東漢建安[6]十四年（二〇九年）冬天，曹操因江陵（今荊州）的戰事不利，被迫向北撤軍，東吳控制了長江中下游地區。此後孫權積極擴張領土，佔領了交州（今廣東廣西一帶）。就在孫權忙於擴張之時，曹操養精蓄銳，派廬江（行政中心在今安徽六安北）太守朱光在江北皖城（今安徽西南部潛山縣，毗鄰湖北）地區屯兵耕地，積極種植稻穀，以充實軍糧。

建安十九年（二一四年），孫權的手下大將呂蒙向他建議說：「最近長江一帶雨水充沛，大小河流的水位上漲，現在正是我們渡江攻打曹操軍隊的好時機。如果放任他們繼續屯糧，敵軍力量壯大，對我軍的威脅就更大。我們應該趁此雨季，快速渡江，攻取皖城。」孫權聽取呂蒙的建議，即刻率軍渡江，到達了皖城。之後，孫權又向眾將領詢問攻城的計策。很多將領建議在皖城外修築作戰工事，等一切準備妥當後再對敵人發動襲擊。呂蒙不同意這個戰略，他說：「皖城是曹操政權所轄的境地，我們進入敵境，不宜久留。如果修築工事再攻城，等我們一切準備妥當，敵人也已經作好了防備，曹操的援兵也會趕來。我軍失去了時機不說，長久逗留，遠離家鄉的戰士也會倦怠而失去鬥志。那個時候攻城就會變得困難。現在我軍的士氣正旺，敵人的防備也沒有加固。我們應該一鼓作氣，從四面圍攻敵人。以我軍的銳氣，必定能夠一舉獲勝。到時，我們還可以趕在雨季結束之前，仍以水路返回。」

孫權認為呂蒙的戰略才是對的，馬上部署軍隊，任命西陵太守甘寧為先鋒隊長，讓呂蒙率領精銳戰士隨後作戰。天一亮，東吳軍隊就開始進攻。甘寧奮勇當先，率領猛士對皖城發起猛攻，率先爬上敵人的城牆。呂蒙的精銳士兵擂鼓吶喊，紛紛攀牆而上。沒過多久，東吳軍隊就殺入了皖城內，擒拿了太守朱光。這時，曹操的援軍才行進到夾石（今安徽桐城北），聽說皖城已失陷，就撤軍返回了。

皖城之戰，呂蒙對敵我形勢的正確分析，並提出速戰速決的計策，是奪取皖城的首要前提。也就是說，速戰速決不是一時衝動的快速出擊，而是抓住時機，計畫好戰略，再對敵人發動迅猛的攻擊。我方有準備而動作迅猛，就如同佔據了有利時空位置的鷹隼。對方毫無戰備

---

❻【建安】此處是東漢末年漢獻帝的年號，使用時間爲西元一九六～二二〇年。這時期的政治大權完全操縱在曹操手裡。

且勢力微弱，就如地上不知險情的鳥雀。這樣，我方的迅猛才行之有效，讓敵人防不勝防。

變化表象，調動敵軍

【原文】

紛紛紜紜，鬥亂❶而不可亂也。渾渾沌沌❷，形圓而不可敗也。亂生於治，怯生於勇，弱生於強。治亂，數也❸；勇怯，勢也❹；強弱，形也❺。故善動敵者，形之，敵必從之❻；予之，敵必取之；以利動之，以卒待之。

❶鬥亂：在紛亂狀態中指揮戰鬥。
❷渾渾沌沌：戰爭中的混亂狀態。
❸治亂，數也：治，軍隊治理有序。亂，軍隊秩序混亂。數，軍隊的編制。此句意爲軍隊秩序是亂還是有條不紊，在於它的組織編制是否有秩序。
❹勇怯，勢也：軍隊的表現是勇敢還是懦弱，在於軍隊是否得勢。
❺強弱，形也：軍隊的強弱表現只是一種外在的形象。
❻形之，敵必從之：向敵軍展示一種或眞或假的強弱外形，敵軍必然據此判斷而跟從。

【譯文】

戰場上，旌旗紛紛，敵我人馬混亂，事態變化多端。這個時候我軍的指揮、組織、陣腳都不能亂。在兩軍亂作一團時，保持鎮定者也就把握了勝利。兩軍交戰，一方之亂，是因為對方治軍更加嚴整有紀：一方怯懦，是因為對方更勇敢；一方弱小，是因為對方更強大。軍隊秩序是亂還是有條不紊，在於它的組織編制是否有秩有序；士兵是勇敢還是膽怯，在於部隊所營造的勢態是否佔上風；軍力強大或者弱小，只是一種表象。

善於調動敵軍的人，向敵軍展示或真或假的軍情，敵軍必然據此判斷而跟從他的意願；給予敵軍一點利益作為誘餌，敵軍必然為利而來，從而被我軍調動。這時候，就要一邊用這些辦法調動敵軍，一邊嚴陣以待。

【歷史再現】

曹瑋智破西夏軍

曹瑋是北宋有名的大將。一年，北宋的邊境屢次遭西夏[7]党項族（中國古代北方少數民族之一）的軍隊侵擾，百姓不得安寧。曹瑋奉命率十萬精兵驅逐党項。

党項軍早就聽聞曹瑋的大名，知道曹瑋擅長帶兵，於是採取游擊戰，進攻一下，遭宋軍反擊後又撤退。如此進進退退，宋軍十分疲憊。曹瑋陷入了三難境地：如果應戰，敵人進退無常，我軍十分被動，且容易疲勞。如果追擊到底，宋軍不如敵軍熟悉地形，有可能陷入敵人的埋伏，而且疲勞奔波，也難以殲滅敵軍。如果乾脆不戰而返，則難以覆命。

如何改變敵軍的游擊戰術，變被動為主動呢？曹瑋想到一計。

第二天，宋軍再次與敵軍交戰，等敵軍逃跑後，曹瑋就命令部隊趕著敵軍撇下的牛羊，扛著繳獲的戰利品往回撤退。党項軍派出的探子回報其軍統帥說：「宋軍貪圖戰利品，正趕著牛、羊、馬後撤，整個部隊毫無軍紀，亂作一團。」党項軍信以為真，覺得這是個消滅宋軍的好時機，就率軍返回。曹瑋聽聞敵軍回擊，也不慌張，仍令部隊緩慢撤退。當宋軍撤退到一個地勢有利的山口時，他才讓士兵休息備戰。不久，党項軍也趕來了。曹瑋派使臣到敵軍陣營裡建議說：「你們遠道而來，將士肯定疲憊不堪，正好我軍也沒有準備，不如大家都休息一下再戰。」党項軍奔走多時，確實十分疲勞。曹瑋這麼建議後，党項軍的統帥便認為曹瑋怯戰，所以放鬆了警惕，命令自己的士兵下馬休息。

---

❼【西夏】党項人在中國西部建立的一個政權。八八一年（唐朝中和元年），党項首領拓跋思恭佔據夏州（今陝北地區的橫山縣），被唐朝廷封爲夏國公，其後人李元昊（李姓爲唐所賜）於一〇三八年以夏爲國號，建立大夏國，又因其在西方，宋人稱之爲「西夏」。

党項軍放鬆了戒備，下馬的下馬，坐地的坐地。曹瑋見時機已到，即令全軍向對方衝殺過去。宋軍士兵休息多時，又佔據了有利的時機和地勢，因此人人銳氣十足。党項軍毫無準備，倉促應戰，亂成一團。沒過多久，宋軍就將敵軍打得橫屍遍野。党

党項軍放鬆了戒備，下馬的下馬，坐地的坐地。曹瑋見時機已到，即令全軍向對方衝殺過去。

項軍死傷大半，其餘的士兵潰敗而逃。

宋軍獲勝了，曹瑋一名手下部將向曹瑋請教：「驍勇善戰的党項軍，為何變得如此不堪一擊？」曹瑋笑笑，說：「一開始，敵我一交戰，敵軍就逃。他們這是為了保存自己實力，消耗我軍實力。我以我軍貪圖戰利品的假象迷惑他們，是為了調動敵人的軍隊，讓他們返回。敵軍上當，走了一百多里再追回來肯定疲勞。但當時敵軍的士氣還盛，所以仍不能開戰。俗話說，長途跋涉的人一旦停下來全身都會散架。我讓敵軍休息一下，敵人散架了，而我軍以逸待勞，力量充足。這個時候，敵人的剽悍不復存在，我軍出擊，如以卵擊石。」曹瑋一番解釋，讓部將十分佩服。

這一戰，無論是讓士兵拿著戰利品撤軍，還是向敵軍建議先休息再戰，曹瑋的目的都是向敵軍展示或真或假的軍情。敵軍真假難分，完全不知曹瑋的戰術，因此從一開始就上了曹瑋的當。党項軍先是認為宋軍貪財，後又以為宋軍無準備才建議先休息。曹瑋以假像為誘餌，調動了敵人的軍隊，有效地轉變了自己軍隊追與不追都不妥的不利形勢。可見變化表象，迷惑敵軍，使敵軍判斷失誤，就可以調動敵人的軍隊。

選擇人才，為軍隊造勢

【原文】

故善戰者，求之於勢，不責於人，故能擇人而任勢❶。任勢者，其戰人❷也，如轉木石。木石之性，安則靜，危則動，方則止，圓則行。故善戰人之勢，如轉圓石於千仞之山者，勢也。

【譯文】

所以，善於作戰的人追求勝利靠的是有利的「勢」，而不是苛求士兵，他能夠選擇人才去造勢或利用已形成的「勢」。善於創造及利用「勢」的將領，他指揮部隊作戰就像轉動木頭和石頭。木石的性質是處於平坦的地勢上就靜止不動，處於陡峭的斜坡上就滾動，方形木石容易靜止，圓形木石容易滾動。所以，善於用兵打仗的人，他所造就的「勢」就像能讓圓石從高而陡的山上滾下來的「勢」一樣，其來勢凶猛，不可抵擋。這就是所謂的「勢」。

【歷史再現】

孫權用陸遜取荊州

建安十三年（二〇八年），為爭奪荊州❸，曹操與孫權、劉備的吳蜀聯軍進行了著名的赤壁之戰❹。曹操戰敗，武陵、長沙、桂陽、零陵四郡被劉備佔據，江夏郡和南郡南部歸孫權所有。劉備佔領了荊州大部分地區，阻礙了孫吳勢力向西擴展。孫權不甘心，想奪回荊州。

赤壁之戰後，劉備入蜀（四川），留關羽鎮守荊州五郡。劉備走後，孫權本想直接攻取荊州，但因為東吳與蜀漢有結盟，所以他不好意思直取，便先將矛頭指向了曹操。關羽一心想建功，就趁曹魏和東吳交戰時帶兵攻打曹操所轄的樊城（今湖北襄樊）。關羽一路旗開得勝，眼看樊城就要被他攻破。魏王曹操採納手下司馬懿及蔣濟的建議，利用吳蜀聯盟出現的裂痕，派人唆使孫權抄襲關羽後方（荊州），分散關羽的兵力。曹操向孫權許諾，如果東吳

---

❶擇人而任勢：善用人才造勢或者利用已形成的勢。

❷戰人：指揮士兵作戰。

❸【荊州】今湖北荊州，舊稱江陵。三國時期，荊州是曹魏和東吳的中間地帶，具有重要的軍事地理意義。

❹【赤壁之戰】曹操想把江南地區佔爲己有，於建安十三年（二〇八年）在長江赤壁（今湖北赤壁西北）一帶發動戰爭，與孫權、劉備的聯軍大戰，最後曹操兵敗。

軍隊出手相助，事成之日他將把江南的魏地送給東吳。

曹操的建議正符合孫權的心思，孫權立即派呂蒙帶兵攻取荊州。呂蒙為隱藏行軍目的，對外稱病返回建業（今南京），其實是打算經過荊州時再伺機而戰。呂蒙經過蕪湖（今安徽蕪湖市，毗鄰荊州）時，正駐軍在蕪湖的東吳將領陸遜前去拜見他。陸遜問呂蒙：「現在荊州空虛，正是奪取它的好時機，您為何回家呢？」呂蒙為隱匿軍情，也對陸遜謊稱自己生病。陸遜說：「關羽這個人驕傲自大，東吳的將領，他也只怕你一人。如今您生病了，他必定認為我軍失去頂梁柱，因而疏忽防備。這個時候攻取荊州，出其不備，一定可以取勝。」聽了陸遜一番話，呂蒙認為他是個人才，於是將計就計，向孫權稱病，並推薦陸遜代替自己。

呂蒙在孫權面前誇陸遜「才堪負重，觀其規慮，終可大任」，又說陸遜未有聲名，關羽肯定不放在眼裡，如果任用陸遜，可以使敵人放鬆戒備，而我軍可以伺機而動。孫權認為這是個好主意，當即讓陸遜代替呂蒙謀取荊州。

陸遜領軍到達陸口（湖北赤壁市陸水湖出長江口）後寫信給關羽，信中言辭表示自己對關羽十分佩服，並請他對自己多多指教。關羽見信後，得知東吳換掉呂蒙，改任陸遜。關羽沒聽說過陸遜，又見信中他的言辭十分謙卑乃至奉承，就不把他放在眼裡。關羽覺得沒有必要防備東吳軍隊了，就將荊州用於提防東吳的守軍調至前線，全力對付曹操。陸遜得知關羽從荊州調軍，認為攻取荊州的時機已到，即刻派人稟報孫權。孫權重用呂蒙，讓他和陸遜分道攻取荊州。

荊州的蜀軍兵力空虛，呂蒙和陸遜長驅直入，很快攻佔了公安、南郡和江陵等郡。關羽聽說荊州遭襲，率軍返回救援，不料陸遜早已派兵堵住了關羽退回西蜀的大門。之後，呂蒙又攻佔了武陵、零陵兩郡。荊州失守，關羽的回軍進退兩難，他只好領兵敗走麥城。東吳軍隊進攻麥城，圍困關羽。關羽想從麥城突圍逃竄，最後在漳鄉被孫權部將馬忠擒獲斬首。

荊州之戰，孫權本是用呂蒙為統帥，中途卻改用陸遜施驕兵之計。敵軍驕傲鬆懈，我軍卻做好防備，從中造成了有利的形「勢」。在這一戰中，呂蒙的見機行事是他用兵有道的見證。孫權和呂蒙根據掌握的敵情，選擇人才為自己軍隊造勢，這正符合孫子所說的「擇人而任勢」。擇人造勢，能夠創造有利的形勢和戰機，更加自由而靈敏地指揮本部軍隊，進而更容易打敗敵人。

關羽的回軍進退兩難，他只好
領兵敗走麥城。

第六篇 虛實篇

把敵人引到預定戰場

【原文】

孫子曰：凡先處戰地而待敵者佚❶，後處戰地而趨戰❷者勞。故善戰者，致人❸而不致於人❹。

能使敵人自至者，利之❺也。能使敵人不得至者，害之❻也。故敵佚能勞之，飽能饑之，安能動之。

---

❶佚：同「逸」。安逸之意。
❷趨戰：行走長遠路途，奔赴作戰。
❸致人：調動敵人的軍隊。致，招致，引申爲調動。
❹不致於人：不被人調動。
❺利之：用利益引誘敵軍。
❻害之：設法妨害阻礙敵軍。

【譯文】

孫子說，大凡先比敵人到達戰地而等待敵軍的軍隊，其士兵就精力充沛，軍隊主動安逸。而後趕赴戰地的軍隊，匆忙投入戰爭就被動勞累。所以，善於指揮作戰的將領，他能夠調動敵人而絕不為敵人所調動。

能夠調動敵人使之自動前來我預定的戰場，是因為用利益引誘敵軍；能使敵人不能先於我軍到達戰場，是因為設置障礙，阻撓干涉了敵人的行軍。所以，如果敵人的軍隊安逸，就設法使之疲勞。如果敵人糧食充沛有餘，就想辦法使之匱乏。如若敵人駐紮堅守，就要使他不得不行動起來。

【歷史再現】

馬燧引蛇出洞

西元七八一年，魏州（今河北大名東北）節度使田悅起兵造反，率領數萬兵馬圍攻臨洺（今河北永年）。第二年，唐朝廷派大將馬燧討伐田悅，救援臨洺。馬燧率八萬唐軍在臨洺打敗田悅的叛軍，田悅退守洹水[7]岸邊。

馬燧留下一百多騎兵在軍中，讓他們敲鼓吶喊，吸引叛軍。

西元七八三年一月，馬燧率軍到達洹水，與田悅對峙。田悅的軍隊修築壁壘，堅守不出，田悅打算聯合淄州（治所在今山東淄博市淄川區）、青州（今山東青州市）、恆州（山西大同的舊稱）三鎮的叛軍後再出戰。馬燧命令士兵在洹水上架起三座橋，日夜向叛軍挑戰，叛軍依舊不為所動。唐軍的糧食只能支撐十日，馬燧想引出敵人速戰速決。

這天晚上，馬燧率領大部隊秘密沿洹水岸奔赴田悅的後方根據地魏州。走之前，馬燧留下一百多騎兵在軍中，讓他們敲鼓吶喊，吸引叛軍。等唐軍大部隊走出十多里後，留守的士兵就停止敲鼓，到三座橋下面隱藏起來。田悅得知馬燧率兵攻打自己的後方，即刻率軍尾追。叛軍一出，橋下的唐軍就把橋全部燒毀。

馬燧率軍走出十多里後並沒有繼續趕赴魏州，而

❼【洹水】一說是今河南安陽河，一說洹水是古代一個縣，在今河北南部的洹水北岸。

是選擇一處有利的地形布陣，等待田悅。田悅不知底細，率軍追趕馬燧，來到了馬燧預定的戰場。叛軍奔馳十多里疲勞不堪，唐軍以逸待勞，士氣正旺。馬燧當即命令前列五千名精銳士兵出擊，田悅的軍隊來不及布陣，亂成一片。唐軍趁勢猛攻，田悅大敗而逃。叛軍退回到洹水岸邊時發現橋已被燒毀，更加驚慌失措。為了逃生，叛軍很多士兵爭相跳入水中。唐軍一鼓作氣，斬殺敵人兩萬多。

田悅的軍隊潰不成軍，他本人只好率領殘兵一千多人逃亡魏州。馬燧乘勝討伐淄州和青州的叛軍，奪回了這兩鎮。

洹水之戰，唐軍的形勢本來不樂觀。馬燧以速戰速決為戰略方針，施以多種計策，把敵人引出壁壘，最終獲勝。馬燧的計策，首先是「攻其必救」，「引蛇出洞」。魏州是叛軍的後方根據地，馬燧料想田悅如果聽說魏州被襲，一定會出戰救援。馬燧的第二個計策是以逸待勞。他命令留守的士兵等待大部隊走遠後再停止擊鼓，其實為了獲得布陣的時間。當叛軍趕到戰場時，唐軍已擺好陣勢，而叛軍匆忙投入戰鬥。

馬燧「引蛇出洞」，疲勞敵軍又斷其後路，這一系列計策正應對了孫子所說的「佚能勞之，飽能饑之，安能動之」，「使敵人自至」。唐軍調動敵人的軍隊，而不被敵人所調動，將敵人引到我方預定的戰場，所以如甕中捉鱉一樣，輕易獲勝。

攻打敵人必定救援之地

【原文】

出其所不趨❶，趨其所不意❷。行千里而不勞者，行於無人之地也。攻而必取者，攻其所不守也。守而必固者，守其所不攻也。

故善攻者，敵不知其所守；善守者，敵不知其所攻。微乎微乎，至於無形，神乎神乎，至於無聲，故能爲敵之司命。

進而不可禦者，沖其虛也；退而不可追者，速而不可及也。故我欲戰，敵雖高壘深溝，不得不與我戰者，攻其所必救也；我不欲戰，畫地而守之，敵不得與我戰者，乖其所之也❸。

---

❶出其所不趨：出，攻擊。不趨，無法趨附救援的地方。此句意爲攻打敵人空虛而無法救援的地方。

❷趨其所不意：趨，攻擊。此句意思是在敵人意想不到的情況下發動攻擊。

❸乖其所之也：乖，違背、改變。調動敵軍，改變了敵人進攻的方向。

【譯文】

攻打敵人不設防或者無法救援的地方，在敵人意想不到的情況下出擊，才能夠取勝。我軍行走千里卻不會感到疲憊，那是因為我們是在沒有敵人的地區行軍。我軍進攻就一定會取勝，那是因為攻擊敵人防守不備的地方。我軍防守必然牢固，是因為我們防守的是敵人一定不敢進攻的地方。

所以說，如果善於進攻，敵人就不會知道該防守哪裡。如果善於防守，敵人就無法知道從哪裡進攻我方。戰術如此深奧而精妙，以至無法見其行蹤，如此神奇玄妙，以至難以讓人覺察。戰術保密，敵人打探不出我方的任何消息，我軍就能掌握主動。

進攻時，敵人無法抵禦我方，那是因為我方攻擊了敵人兵力空虛的地方。我方撤退而敵軍無法追擊，那是因為我方行動迅速。所以，善於作戰的人，只要他想交戰，即使對方堅守深溝壁壘，也不得不與他對戰，因為他攻打了敵人不得不救援的地方。而如果我軍不想與敵人作戰，即使只是在地上劃一道界線進行防守，敵人也無法讓我方出戰，因為我方已經調動敵人的軍隊，改變了敵軍進攻的方向。

【歷史再現】

圍魏救趙

西元前三五四年，魏國攻打趙國，趙國向齊國求援。齊威王任命田忌為大將，讓孫臏[4]做軍師，令他們率軍救援趙國。

出發後，田忌想直趨趙國邯鄲（今河北邯鄲），與趙軍聯合對抗魏軍。孫臏勸阻田忌：「糾纏不清的一團亂麻，用拳頭猛錘亂打是解不開的。兩國交戰，直接參與鬥爭不是上策。要想救趙，應該牽制魏軍，然後乘魏軍微弱之時將它擊敗。魏國和趙國作戰已經有一年多的時間，魏國大將龐涓必定已經調出國中大部分兵力到前線上，魏國國內空虛，我們不如攻打它的首都大梁（今河南開封）。龐涓聽說自己的國度被侵，一定會返回救援。這樣一來，趙國邯鄲自然得救。」

田忌依照孫臏所說，率領齊軍進攻大梁。龐涓聽說齊軍入侵國都後馬上停止了與趙國的

[4]【孫臏】戰國時期軍事家，兵家的代表人物。他被龐涓迫害致殘，後來成爲齊國軍師，幫助齊國兩次擊敗龐涓，奠定了齊國的霸業。

交戰，率軍回救魏都。齊軍進入魏國境內後，在桂陵（今河南長垣西北）紮營等待魏軍。桂陵是魏軍從邯鄲返回大梁必經的地方，具有可伏擊的有利地形。齊軍在桂陵設好埋伏，以逸待勞。龐涓率領魏軍跋山涉水，進入了魏國。魏軍一到桂陵，齊軍就衝殺而出。魏軍始料不及，士兵們四處逃散，龐涓率領殘部逃回了大梁。

齊威王任命田忌為大將，讓孫臏做軍師，令他們率軍救援趙國。

孫臏圍魏，魏軍離趙，邯鄲之危逐化險為夷。

「圍魏救趙」的成功，正是運用了孫子所說的「攻其必救」的計策。大梁是龐涓所屬魏國的首都，他不得不救。攻打敵人必救援的地方，其最終目的是引敵人前來與我軍交戰。也就說，是為了掌握戰爭的主動權。一旦我軍擁有了主動權，戰爭的時間地點都由我軍作主，我軍可以設好埋伏，所以能夠取勝。

「攻其必救」這一計策，即使對方知道這是個幌子，但如果不救援，我軍就會真實地發動攻擊，所以他最終不得不與我軍交戰。所以孫子說「不得不與我戰者，攻其所必救也」。

分散敵人的兵力

【原文】

故形人而我無形❶，則我專而敵分❷。我專爲一，敵分爲十，是以十攻其一也，則我眾而敵寡。能以眾擊寡者，則吾之所與戰者，約矣❸。吾所與戰之地不可知❹。不可知，則敵所備者多。敵所備者多，則吾所與戰者，寡矣。故備前則後寡，備後則前寡，備左則右寡，備右則左寡，無所不備，則無所不寡。寡者，備人者也❺；眾者，使人備己者也❻。

---

❶形人而我無形：察明敵人行軍蹤跡及目的而隱蔽自己軍隊的行蹤。
❷我專而敵分：我軍兵力集中而敵人兵力分散。
❸則吾之所與戰者，約矣：則我軍面對的敵人就會兵力少而弱。
❹不可知：不被敵軍知道。

【譯文】

所以，使敵軍處於暴露狀態而我軍隱藏行蹤和戰術，我軍兵力就可以集中，而敵軍就只得把兵力分散於多處。（如果敵我實力不相上下）我軍兵力集中於一點，而敵人分散為十處，我方就是以十擊一。這樣一來，（在某個戰場上）就會出現我眾敵寡的勢態。在這種勢態下，與我軍對戰的敵軍兵力就會少而弱。

如果能使敵軍不知道（我軍所預定的）戰場在哪裡，敵軍就會茫然而處處分兵防備，敵軍防備的地方越多，能夠與我軍在特定的地點直接交戰的兵力就越少。

所以，防備前線則後方兵力不足，防備後方則前線兵力不足。防備左方則右方兵力不足，防備右方則左方兵力不足。所有的地方都進行防備，則所有的地方都兵力不足。兵力不足，就是因為分兵防禦敵人。兵力強大，是因為能迫使敵人分兵防禦我方。

【歷史再現】

岑彭智取黎丘

東漢建朝初期，地方割據勢力眾多。東漢元年（二五年），劉秀建都洛陽，佔據了中原的中心地區。關東、隴右[7]、西蜀[8]等地的割據政權各自為政，對劉秀形成了包圍之勢。其中，關東的幾個割據政權對劉秀造成威脅。從東漢建武三年（二七年）開始，劉秀開始了統一關東的征戰。

東漢建武三年（二七年）春，劉秀命令岑彭率領傅俊、臧宮、劉宏三位將軍帶兵三萬多人去消滅割據於南郡（郡治在今湖北荊州）的秦豐。六月，秦豐與其大將蔡宏集結主力約十萬人駐軍於鄧縣（今湖北襄樊市北），抗擊岑彭。兩軍相持數月，戰事都沒有進展。劉秀派人責問岑彭，岑彭心急了。這天晚上，岑彭召集士兵，對他們宣稱等天一亮就向西攻打山都（湖北光化縣，位於今湖北襄樊西北）。當時，秦豐的間諜混跡在岑彭的軍營中，岑彭假裝不知，還故意讓敵軍的間諜返回告密。

聽說岑彭要攻打山都，秦豐馬上調集全軍向西攔截岑彭的軍隊，只留部將張揚一人及一支小兵力留守鄧縣。岑彭暗中指揮軍隊渡過漢水，穿過阿頭山（今湖北襄樊市西），向鄧縣進發。岑彭的軍隊很快攻破張揚的防禦，之後沿山谷中的狹窄道路直插秦豐的都城黎丘（今

---

❺寡者，備人者也：寡者，兵力不足。此句意爲兵力不足是因爲分兵防備對方。
❻眾者，使人備己者也：兵力強大，是因爲迫使對方分兵防備自己的部隊。
❼【隴右】即隴西地區。古人以西邊爲右，隴右指隴山以西地區。
❽【西蜀】四川盆地範圍內的一個政權。

秦豐與其大將蔡宏集結主
力約十萬人駐軍於鄧縣。

湖北宜城西北）。秦豐覺察中計後急忙率軍回救，岑彭的軍隊早已到達黎丘，以逸待勞。秦豐救城失敗，被圍困於黎丘。

四年十月，田戎率軍援救秦豐，被岑彭擊敗，田戎退至夷陵（今湖北宜昌東南）。兩軍又相持了數月，雙方的兵力都損耗慘重。秦豐雖然只剩守軍一千多人，但他有援兵在城外，所以岑彭仍只得繼續按兵不動，想等到敵軍城內糧草耗盡時再出擊。建武四年（二八年）十二月，光武帝劉秀親自領兵至黎丘，與岑彭聯合圍攻秦豐。秦豐走投無路，出城投降，後被押回洛陽斬首。

岑彭以三萬兵力對十萬兵力，最終獲勝。雖說最後劉秀的幫忙有助推作用，但漢軍取勝的決定性一步是岑彭假裝攻打山都而暗中渡漢水襲擊秦豐本部這一戰。這一戰之前，敵軍十萬兵力集中於一點，其力量是岑彭軍隊的三倍多。如果兩軍交戰，漢軍如以卵擊石，必定戰敗。所以，岑彭一開始只得採取與敵軍對峙的戰略。在劉秀的責問下，他急中生智，施以「聲東擊西」之計。漢軍揚言攻打山都，目標卻是鄧縣和黎丘。秦豐不知漢軍的意圖，把主力部隊從鄧縣調離，本部又空虛。敵人的軍力分散了，漢軍卻集中主力於一點。所以，原本敵眾我寡的形勢就反倒變成了我眾敵寡的形勢。這正如孫子所說的，「吾所與戰之地不可知」，「則吾與所戰者，寡矣」。

掌握戰爭的主動權

【原文】

故知戰之地，知戰之日，則可千里而會戰。不知戰之地，不知戰之日，則左不能救右，右不能救左，前不能救後，後不能救前，而況遠者數十里，近者數里乎？

以吾度[1]之，越人[2]之兵雖多，亦奚益[3]於勝敗哉？

故曰：勝可爲也[4]。敵雖眾，可使無鬥[5]。

【譯文】

所以，如果能預知與敵人交戰的時間地點的話，即使行軍千里也可以與敵人戰鬥。不能預知與敵人交戰的地點和時間的話，就只能倉促投入戰鬥，那樣就會導致左軍不能救右軍，右軍不能救左軍，前軍不能救後軍，後軍不能救前軍。一支軍隊，前後相距多說有十里，近的也有好幾里呢。如果倉促迎戰，又如何自救？

依我對吳越兩國所作的分析，越國雖然兵多，但對於取勝又有什麼幫助呢？所以說：勝

利是可以創造的，敵人雖然兵多，我方卻可以使敵人無法有效地投入戰鬥。

【歷史再現】

李愬雪夜奔襲蔡州

唐憲宗元和九年（八一四年）閏八月，淮西節度使❻吳少陽去世，他的兒子吳元濟隱匿其父死亡的消息，擅自接管軍務，擁兵割據淮西蔡（今河南汝南）、申（今河南信陽）、光（今河南潢川）三州之地。淮西周圍都是唐朝的州縣地級區域，勢單力薄，無法出兵討伐

---

❶度（ㄉㄨㄛˋ）：推斷，猜測。

❷越人：越國人。春秋時期，吳越兩國長期交戰，孫子當時輔佐吳王，因此常以越指敵對一方。此處即為泛指敵方。

❸奚益：何能有益於。

❹勝可為也：勝利可以預測乃至爭取。

❺無鬥：沒有戰鬥力，即無法與我軍戰鬥。

❻【淮西節度使】淮西節度使原稱淮南西道節度使。淮南西道是唐朝為了防止安祿山叛軍南下，在今河南、湖北、山東、江蘇四省選擇州縣設置的方鎮。安史之亂後，這些郡縣大多被當地勢力割據。

吳元濟，很多地方反倒投靠了叛軍。如果要討伐吳元濟，唐軍又不得不奔波行軍，到達淮西後已軍疲馬憊。此外，長期以來淮西鎮與河北諸鎮都有勾結，吳元濟的同夥眾多。唐軍分路進擊，無奈敵人勢力龐大，無法取勝。唐憲宗對淮西用兵三年，仍無法平定吳元濟的叛亂。

元和十二年（八一七年）五月，唐憲宗決心集中力量平定淮西。唐將李光顏率軍

唐軍繼續跋涉，一路上除了唐軍腳踩雪地的聲音，沒見一個敵影，不聞其他聲音。

渡過溵水（今河南沙河）攻打郾城（今河南中南部地區），駐守郾城的三萬淮西兵被殲滅無數，郾城被平定。吳元濟得知郾城不守，擔心在北線洄曲[7]防守的董重質也招架不住，於是將淮西軍主力及蔡州守軍都調到了北線，增援董重質。

元和十二年（八一七年）十月，唐憲宗任命李愬為西路軍統帥，派給他將近一萬的人馬，從另一路發兵攻打吳元濟。李愬知道叛軍的同夥眾多，而且其駐地周圍都是一些見風使舵的小州縣。為了拉攏力量，贏得民心，到達唐州（今河南泌陽）後，李愬就一路慰勞當地百姓，又體恤本軍將士，優待叛軍俘虜。這麼做之後，唐軍所經之地，民兵都熱烈歡迎。唐軍一路走來，如入無人之境。主動投降唐軍的淮西將士不計其數，其中就有吳元濟的得力部將李祐[8]。

為了徹底孤立吳元濟所在的蔡州，李愬又先後出兵攻取蔡州附近的文城柵、馬鞍山、路口柵、嵖岈山、冶爐城、白狗、汶港和楚城諸城柵等叛軍據點。這樣一來，唐軍就與北線郾城一帶的唐軍兵勢取得了聯繫，又切斷了蔡州與申、光二州的聯繫通道。八月末，李愬軍的

---

[7]【洄（ㄏㄨㄟˊ）曲】今河南沙河與澧（ㄌㄧˇ）河會流處下游一帶。

[8]【李祐】驍勇善戰，是吳元濟手下的重要部將。李愬招降吳秀琳後，吳秀琳說要想攻取蔡州，非李祐不可。李愬設計生擒李祐，誠心重用他，李祐被感動而歸降。

主力進駐距離蔡州僅六十五公里的文城柵。吳元濟陷入了孤掌難鳴的境地之中，但他卻完全不知。因自吳少誠[9]不聽朝命，自行割據於淮西以來，唐軍已有三十多年沒有到過蔡州，所以吳元濟完全想不到唐軍會兵臨城下。

九月，李祐向李愬進言說，吳元濟把兵力都派駐在洄曲和邊境，現在蔡州空虛，可以乘虛攻取。李愬表示贊同，即刻將奇襲計畫請示上級裴度，裴度同意出兵。十月初十這一天，風雪交加。李愬利用惡劣的天氣作為掩護，連夜率軍奔襲蔡州。唐軍馬不停蹄走了三十公里，到達張柴村後，殲滅了毫無準備的守軍。稍作修整後，唐軍繼續出發。這時，唐軍諸多軍士才想起來不知道此行的方向是何處。李愬回答說蔡州。諸將一聽，大驚失色，因為前面還有三十多公里的雪路。然而軍令如山，也只能前進一拼了。

唐軍繼續跋涉。一路上除了唐軍腳踩雪地的聲音，沒見一個敵影，不聞其他聲音。又走了三十多公里後，唐軍終於抵達了蔡州。此時，天還未亮，蔡州城外一片寂靜。為了繼續掩藏行軍，李愬派人驅趕城外郊野池塘的鵝鴨群。在鵝鴨驚叫之聲的掩護下，唐軍趁機偷襲城門的敵軍，一舉攻入城內。

有人報告吳元濟說唐軍來襲，吳元濟不以為然，說不過是囚犯作亂。一會兒，又有人來報說城已失陷，吳元濟笑說「一定是洄曲守軍的子弟向我索求寒衣」。等吳元濟反應過來時，唐軍已經攻破了蔡州，並招降了城外吳元濟的手下部將董重質。吳元濟徹底失去了得到救援的希望，只得出城投降。

李愬的成功並非出於偶然。原本唐憲宗是以分兵之計，想從攻打吳元濟周邊的叛軍同夥入手。叛軍據守一方以逸待勞，唐軍的兵力分散又陷入了被動，所以唐軍始終無法取勝。李愬出征後施行仁愛政策，仁愛對待士兵和當地百姓，收降了所經之地的民兵，變被動為主動。這個時候，李愬的部隊如入無人之境。叛軍失去民心，無從打探敵情，就無法做好防備。

在最後的一襲中，李愬對自己軍部隱藏行軍目的。不止敵人，就連本軍都不知道李愬的計畫。李愬把時間、地點等各種戰爭要素全權掌控在自己手中，唐軍獲得了戰爭的主動權。所以，能如孫子說的「故知戰之地，知戰之日，則可千里而會戰」。而叛軍吳元濟「不知戰地，不知戰日」，還把兵力分到了城外，最終孤立無援。

---

❾【吳少誠】在吳元濟的父親吳少陽之前任淮西節度使，割據自雄，不聽朝命。

根據敵情變化而改變戰術

【原文】

故策[1]之而知得失之計[2]，作之而知動靜之理[3]，形之而知死生之地[4]，角之而知有餘不足之處[5]。

故形兵[6]之極，至於無形；無形則深間[7]不能窺，智者不能謀。因形而錯勝於眾[8]，眾不能知；人皆知我所以勝之形，而莫知吾所以制勝之形。故其戰勝不復[9]，而應形於無窮[10]。

夫兵形[11]象水，水之形，避高而趨下；兵之形，避實而擊虛。水因地而制流，兵因敵而制勝。

故兵無常勢[12]，水無常形；能因敵變化而取勝者，謂之神。

故五行無常勝，四時無常位，日有短長，月有死生。

【譯文】

通過仔細觀察敵人的形勢，分析敵人的戰術，籌算敵我形勢就可以得出交戰的優劣得

失。通過挑動敵軍，觀察敵軍的行動就可以了解敵方的作戰規律、習性。通過假裝向敵人表露我軍的行蹤，就可以弄清戰爭勝負的關鍵在哪裡。通過小股部隊試探性進攻，就可以了解敵方兵力的強弱及布置的情況。

所以，指揮軍隊到達一定境界時，能使軍隊的行蹤完全隱藏，不露出一點破綻。我軍無

---

❶策：籌算，策謀。
❷得失之計：計畫的優劣及作戰的得失。
❸作之而知動靜之理：作，行動，使行動。通過觀察軍隊的行動來掌握（敵軍的）用兵活動規律。
❹形之而知死生之地：形之，向敵方展示假的行動。通過佯動示形，來了解取勝或者失敗的關鍵。
❺角之而知有餘不足之處：角之，用少量兵力試探。有餘不足，敵人兵力的虛實。
❻形兵：指揮、調動軍隊的種種行爲。即指揮作戰。
❼深間：深藏的間諜。
❽因形而錯勝於眾：因，根據。因形，根據敵情變化而靈活應變。錯，同「措」，放置。此句意爲，根據敵情變化而靈活運用戰術得以取勝的，把勝利擺在眾人面前，眾人也無法得知其中的玄妙。
❾戰勝不復：戰勝的勝利不是重複的。
❿形於無窮：指揮作戰靈活應變，其戰術變化無窮。
⓫兵形：用兵作戰的規律。
⓬常勢：固定的勢態。

跡可尋，敵人派出再深入的間諜也無法探明我軍的虛實，再有謀略的敵手也想不出對付我軍的計策。根據敵情變化而靈活變化戰術，最後勝利的時候，眾人只知道你勝利的最後一步卻不了解你取勝的關鍵。人們都知道我克敵制勝的方法，卻不能知道我是如何運用這些方法取勝的。所以說，每一場勝戰，大多用的戰術都不一樣。要想勝利，應根據敵情的變化來靈活運用各種戰略。

用兵之道就如流水一樣。水的本性是從高處往低處流，用兵的要點就是避開敵人實力強大的地方而攻擊其薄弱無力的地方。水由地勢來決定流向，戰術應根據敵情的不同而變。所以說，用兵作戰沒有一成不變的固定謀略，正如流水沒有固定的形狀和流向一樣。能根據敵情的變化而隨機應變取勝的，就算是用兵如神了。金、木、水、火、土這五行，它們相生相剋，沒有哪一個會固定常勝。四季輪迴轉移，沒有哪一季停留不動。白天有長有短，月亮有圓有缺。萬物皆處於流動變化的狀態，用兵之道也如此。

【歷史再現】

馮奉世請增兵

永光二年（四十二年），隴西羌人叛亂，漢元帝召集群臣商議討伐叛賊的計策。

此時正值災年，四方之地糧食告急，百姓貧困。如果出兵，糧食物資等軍需就是一個很大的困難。眾大臣將領都緘默不語，不敢出計。光祿大夫馮奉世說：「如果不平定境內作亂的羌人，就不能向邊境之外的蠻人展示我朝威嚴。我願意帶兵討伐叛賊。」皇上問他需要多少人馬，馮奉世說：「我聽說善於用兵的人，『役不再興，糧不三載』。如果準備不充分，戰事就會失利，來回行軍又需要反覆運送軍糧，損失更為慘重。此外，士兵的鬥志也會消減。我估計叛亂的羌人最多只有三萬，按兵書所說，我們應該用六萬的兵力攻打敵人。但羌人的弓、矛等兵器不犀利，所以我們用四萬人，只需一個月就可平定他們。」

丞相、御史、大司馬以及兩位將軍都反對出兵六萬。他們說現在國家四處受災，又正逢秋收，不宜發動那麼多的軍力民力。眾臣建議發兵一萬去戍邊，一邊防範羌人一邊進行農事耕作。馮奉世說防守無助於安定地區，此外，敵眾我寡，一旦交戰，漢軍必敗。他堅持請多派兵力。漢元帝綜合兩方意見，最後只派給了馮奉世一萬二千人的兵力。馮奉世無奈，只好率兵出發，以屯兵為名前去平亂。

到達隴西後，馮奉世兵分右軍、前軍、中軍三路。他自己任中軍統帥，屯守於羌人的附近地區。其餘兩軍統帥分別為右軍任立及前軍韓昌。韓昌率領前軍到達同阪後，讓兩名校尉帶領兩支小部隊去騷動羌人。其中一支去爭取有利地形，另一支去搶救被羌人掠走的民眾。結果，這兩名校尉都被羌人所殺。敵我力量懸殊，漢軍士兵十分恐慌。馮奉世恐怕出

戰後會造成軍隊首尾不能搭救的局面，於是命令全軍按兵不動。然後，他根據掌握的敵我情況，寫出了一個詳細的作戰計畫，配以地圖，將它們塞進一個信封裡。馮奉世派使臣把信送回都城交給元帝，並讓他轉告皇上，奏請增兵三萬六千人。元帝見信後，認為按照馮奉世的計畫可以打敗羌人，於是增派六萬多人，讓大將任千秋以奮武將軍⑬名義帶兵出發。

任千秋的援兵到達隴西後，漢軍的士氣大增。馮奉世與任千秋帶兵一舉攻破羌人，斬殺賊兵八千多，繳獲幾萬隻馬牛羊。其餘羌人逃到塞外，隴西又恢復了安定。

平定隴西叛亂這一戰，馮奉世原想要六萬兵力一舉擊滅羌人。他一開始只領了一萬多的兵力，於是只好改變戰略，分兵防守，伺機而動。等兩名校尉被殺後，他又改變戰術，向皇上分析當前的敵我形勢，請求增兵三萬多。漢元帝也不是一個固執呆板的人，見信後增派援兵，且數量超乎馮奉世的請求。這一戰，如果不是馮奉世和元帝共同決定改變戰略，漢軍和羌人，誰勝誰負難以定論。馮奉世的隨機應變是建立在對羌人形勢的正確分析上，所以才能說服元帝。這一點也說明，要想改變戰略必須有正確的判斷。

⑬【奮武將軍】高級將軍，相當於各路軍隊中的總監軍。

第七篇 軍爭篇

以迂為直，不誤軍爭

【原文】

凡用兵之法，將受命於君，合軍聚眾，交和而舍❶，莫難於軍爭❷。軍爭之難者，以迂爲直，以患爲利。故迂其途而誘之以利，後人發，先人至，此知迂直之計者也。

故軍爭爲❸利，軍爭爲危。舉軍而爭利則不及❹，委軍而爭利則輜重捐❺。是故卷甲而趨，日夜不處❻，倍道兼行，百里而爭利，則擒三軍將，勁者先，疲者後，其法十一而至❼；五十里而爭利，則蹶上將軍❽，其法半至；三十里而爭利，則三分之二至。是故軍無輜重則亡，無糧食則亡，無委積則亡。

故不知諸侯之謀者，不能豫交❾；不知山林、險阻、沮澤之形者，不能行軍；不用鄉導者，不能得地利。故兵以詐立❿，以利動⓫，以分和爲變⓬者也。故其疾如風，其徐如林，侵掠如火，不動如山，難知如陰⓭，動如雷震。掠鄉分眾⓮，廓地分利⓯，懸權而動⓰。先知迂直之計者勝，此軍爭之法也。

❶交和而舍：和，和門，即軍門。舍，駐紮。意為兩軍對壘相持。
❷軍爭：兩軍為搶奪有利條件而發生的爭奪。
❸為：有。
❹不及：行軍速度趕不上。
❺委軍而爭利則輜重捐：委軍，丟棄軍隊物資裝備。捐，丟失。丟下輜重輕裝去爭利，軍糧物資等輜重就會損失。
❻不處：不停息。
❼其法十一而至：其法，結果之意。結果只有十分之一士卒能到達（預定戰場）。
❽蹶上將軍：上將軍，先頭部隊的將領。詞句意為先行將領會受挫。
❾豫交：結交。
❿以詐立：以詭詐獲勝。
⓫以利動：以有利的情況為前提才採取行動。
⓬以分合為變：根據雙方情勢而變化戰術，或分兵或集中兵力行動。
⓭難知如陰：陰，同「隱」，隱藏，隱蔽。（軍情）隱匿而難以猜測。
⓮掠鄉分眾：分兵攻打城池，瓜分掠奪得到的財物。
⓯廓地分利：開拓疆土應分兵據守利害之地。
⓰懸權而動：秤錘懸於秤桿上，意為衡量。整句意為作戰應該在權衡利弊後伺機而動。

【譯文】

孫子說：用兵打仗，將領從接受君命開始，先召集軍隊，後行軍紮營，直到開赴戰場與敵交戰。這整個過程，沒有比為了率先取得制勝的條件（即所謂的「軍爭」）更難的事了。「軍爭」最困難的地方又在於以迂迴進軍的方式，逃過敵人的耳目而最先最快到達預定戰場。要想實現這一目的，必須把看似不利的條件變為有利的條件。所以，由於我軍迂迴前進，又對敵誘之以利，最終能使敵人不知我軍的行軍企圖。能做到出發雖晚敵人一步卻先於敵人到達戰地的，就是知道迂直之計的人。

「軍爭」有好處，「軍爭」也有危險。帶著全部輜重去爭奪取勝的條件，就會影響行軍速度，不能盡快到達戰地；丟下輜重，讓軍隊輕裝出發爭利，裝備輜重就會損失。讓軍士披鍺甲極速前進，全軍不分白天黑夜行軍，奔跑百里去爭利，結果則是：三軍的將領有可能會被敵人擒獲，健壯的士兵能夠先到戰場，體力稍弱的士兵必然落後，最後只有十分之一的人馬如期到達。如果強令部隊行軍五十里去爭利，先頭部隊的將領必然因率先衝鋒而受挫，最後全軍也只有一半的士兵如期到達。強行讓軍隊奔走三十里去爭利，一般只有三分之二的人馬能如期到達戰地。總之，軍隊沒有糧食、武器等輜重，但為了爭利而強行前進也有可能得不償失。

所以，如果不了解諸侯各國的企圖，就不要和他們結成聯盟；不知道山林、沼澤等地形的險阻或分布情況，就不能行軍；不使用嚮導，就不能掌握和利用有利的地形。

用兵取勝，最終是憑藉施詭詐之術，並根據是否有利於獲勝而決定行動，以及根據雙方情勢採取分兵或集中攻擊的方法。與敵人對抗時，應按照戰場的形勢指揮軍隊作戰。部隊行動要迅速，如狂風突襲；將領指揮應從容，如徐風緩緩而有序地展開；率軍攻城掠地時，要有烈火一般不可擋的氣勢；駐守防禦時，應如大山巋然不動；隱匿軍情時，如烏雲蔽日，讓敵人無法窺見；出動大軍時，要如雷霆轟鳴，震懾敵軍。攻城掠奪百姓或者奪取敵方的財物，應分兵行動。開拓疆土，應該分兵扼守要害。展開這些軍事行動之前，都應該權衡利弊，根據實際情況再定謀略。知道「迂直之計」而率先訂好謀略的一方將獲勝，這就是軍爭的原則。

【歷史再現】

暾欲谷抄小道追敵

七二〇年，唐朝廷想聯合拔悉密[17]攻打後東突厥[18]。拔悉密得到邀請盟約後立刻率兵進攻後東突厥的部落，來到戰地後才發現唐朝軍隊沒有到達，拔悉密自知力不如敵，便趕緊率

---

[17]【拔悉密】古代以狩獵、牧馬爲生的部落，後被突厥統治，隋末唐初遷往阿爾泰山一帶。

[18]【後東突厥】突厥指北方游牧民族，隋朝時，突厥汗國分裂成爲東西突厥兩部。

軍逃跑了。

後東突厥首領毗伽可汗[19]準備率軍追擊拔悉密，他的部將暾欲谷勸阻他說：「拔悉密軍奔走千里來挑戰我們，到了這裡他們就未戰而撤。現在他們一心想逃命，看見我們圍追不放，他們一定會拼死奮戰。我軍長久奔走作戰，又必須攜帶眾多糧食物資，這樣我軍就會陷入被動。您如果執意要追殲他們的話，我建議等敵人走遠一些後再從小道行軍。這樣可以隱藏我們的行軍，到時我軍策馬加鞭，趕上敵人後攻其不備，一舉獲勝。」

毗伽可汗採用暾欲谷的計策，放拔悉密逃開。拔悉密遠走之後發現敵人沒有追來，便放鬆了警惕。毗伽可汗暗中讓暾欲谷帶兵從小道抄襲，暾欲谷的部隊輕裝前進，很快追上了拔悉密。拔悉密軍沒有想到後有追兵，所以毫無準備。暾欲谷軍一路飛馳，士氣正旺，他們趁勢對拔悉密發起猛攻。拔悉密兵驚慌失措，其軍隊即刻被擊潰。

暾欲谷運用「縱綏不及[20]」的戰略，改正面猛追為小道抄襲，隱藏了行軍痕跡，並因此獲得了有利的戰爭形勢。這就是孫子所說的，以迂為直，獲取「軍爭」的戰爭原則。

軍爭其實就是有利的戰機。聰明的將領，不是戰爭開始後才尋找有利的戰機，而是在交戰前就開始籌畫創造。所以，行軍不只是帶兵奔走，而是要考慮如何搶分奪秒，既保證輜重的充足，又不失去有利的攻擊形勢。

如果毗伽可汗直接追擊的話，他的行軍暴露，一旦遭敵人反擊，就會變成「勁者先，疲者後」，將領先被擒拿，最終只有十分之一的士兵到達戰場的局勢。而暾欲谷延後追敵，又改小道抄襲，取得了敵明我暗的優勢，使行軍「疾如風」，繼而「侵掠如火」，這印證了「先知迂直之計者勝，此軍爭之法也」。

⓳【毗伽可汗】原名默棘連，後東突厥大汗。毗伽同時是對突厥大汗的尊稱。

⓴【縱綏不及】不要追擊遠走的敵人。出自古代兵書《司馬法》：「逐奔不遠，縱綏不及，遠則難誘，不及則難陷。」相傳該書是春秋末期齊國人司馬穰苴所作。

有效利用指揮作戰的手勢和號令

【原文】

《軍政》[1]曰：「言不相聞[2]，故爲金鼓；視不相見，故爲旌旗。」夫金鼓旌旗者，所以一人之耳目[3]也。人既專一，則勇者不得獨進，怯者不得獨退，此用眾之法也。故夜戰多火鼓[4]，晝戰多旌旗，所以變[5]人之耳目也。

【譯文】

《軍政》說：「在戰場上，軍隊內部的語言溝通是無效的。軍士們互相之間聽不清或看不見，所以才有金鼓、旌旗這兩樣東西。」金鼓用來統一部隊的行動，旌旗用來指揮軍隊的進退。將士兵們的步調統一，這樣才使得勇敢的將士不會單獨前進，而膽怯的士兵也不敢獨自退卻。這就是指揮大軍作戰的方法。所以，夜間作戰，要多處點火，頻繁擊鼓，以鼓聲指揮；白天打仗則要多處設置旌旗，讓自己軍隊的士兵以旌旗為方向。這些不僅是我軍統一行動的方式，也是用來擾亂敵方視聽的策略。

【歷史再現】

冒頓殺父奪權

冒頓是匈奴頭曼單于❻的兒子，曾被頭曼單于立為太子。後來，頭曼單于想改立太子，就派遣冒頓到月氏做人質。不久，匈奴和月氏開戰，月氏人想殺死冒頓，冒頓逃走後，在軍中規定：箭聲響起時，士兵們必須立即跟隨射箭，自己將響箭射到何處，士兵就將各自手中的箭射向何處。凡是不跟隨射箭的，一律斬殺。

之後，冒頓經常拿著響箭號令士兵。他先是以獵物為目標訓練士兵，出獵時讓他們跟隨射擊同一隻獵物，如有不專心而遲發箭或不射箭的，他都一律殺了。後來，冒頓用響箭射自

---

❶《軍政》：古代兵書。

❷言不相聞：戰場上，將士之間的語言交流無法聽清。

❸一人之耳目：一人，統一成一人。意爲統一將士的視聽和行動。

❹夜戰多火鼓：夜晚作戰，應多處點火並擂鼓作戰。

❺變：擾亂敵人。

❻【頭曼單于】單于是匈奴人對部落聯盟首領的尊稱。頭曼單于曾於秦朝時與東胡、秦、月氏爲鄰。

冒頓經常拿著響箭號令士兵。

己的馬，士兵們有不敢射的，也被他殺了。冒頓以響箭射自己的愛妻，又有士兵不敢射，同樣被殺。於是，再也沒有人敢不聽「箭令」。士兵們看到冒頓將響箭射向何處，就都跟著把手中的箭射到同一處。一天，冒頓射頭曼單于的寶馬，他的部下就立即對準同一隻馬發箭。冒頓知道部下對自己完全聽命了。他等來跟隨頭曼單于出獵的時機，在出獵時乘機發箭射向他的父親，他的部下立即跟隨發箭，殺死了頭曼。不久，冒頓自立為匈奴單于。

冒頓的兵力比頭曼單于微弱，他殺父奪權這一戰沒有經過殊死拼戰而獲勝，關鍵就在於他指揮有道。他的指揮戰術沒有多高明，僅僅是根據最基本的帶兵原則而制定的，這一原則就是「令出則行❼」：統帥發令，士兵就根據指令來行動。常見的用來發令的道具有金鼓、旌旗。冒頓不以金鼓或旌旗為「令」，而是以響箭。冒頓使用響箭的高明之處在於：箭是士兵和將領常攜帶的武器，他使用最常見的武器來指揮，避免了用聲音或眼神來表露企圖。頭曼單于完全無法覺察敵人就在眼前，身邊全是危險的武器。冒頓以響箭組織了一支步調統一的隊伍，讓士兵們完全服從自己，這就是孫子所說的，「人既專一，則勇者不得獨進，怯者不得獨退，此用眾之法也。」

❼【令出則行】指將領發命令，士兵就會執行。源自孔子《論語・子路》「其身正，不令而行；其身不正，雖令不從」。

避開敵人的鋒芒

【原文】

故三軍可奪氣，將軍可奪心。是故朝氣銳，晝氣惰，暮氣歸。故善用兵者，避其銳氣，擊其惰歸，此治氣[1]者也。以治待亂，以靜待譁，此治心[2]者也。以近待遠，以佚待勞，以飽待饑，此治力[3]者也。無邀[4]正正之旗，勿擊堂堂之陣，此治變[5]者也。

【譯文】

兩軍交戰，挫傷對方三軍的銳氣，對方的士氣就會喪失。所以應先動搖敵方將帥的意念，使其喪失鬥志。一般說來，戰爭剛開始的時候，士氣很旺盛。布陣列兵到了中午之時，士兵們就會倦怠困乏，士氣也變得懶惰鬆懈。到了日暮十分，將士們都想著收兵回營了，軍隊的士氣這時候最衰弱。善於用兵的人，會避開敵人的銳氣，趁敵方士氣衰竭時才發起猛攻。這就是正確掌握並利用士氣變化的規律。用治理嚴整的我軍來對付軍政混亂的敵軍，用我軍鎮定平穩的軍心來對付軍心躁動不安的敵人。這是掌握並運用軍心的戰術。使我軍率先

進入戰場，讓我軍等待長途奔襲而後到的敵人。這時，我軍從容不迫，敵軍疲勞混亂。以我軍的充沛攻擊敵人的微弱，這就是懂得並利用軍力形勢的原則。不要去迎擊旗幟整齊、部伍嚴整的軍隊，不要去攻擊陣容威嚴、士氣飽滿的軍隊，這才稱得上懂得根據戰場上的形勢變化而靈活應用戰術。

【歷史再現】

曹劌論戰

魯莊公❻十年（前六八四年）春天，齊國攻打魯國。齊國比魯國強大，齊軍又剛取得乾

---

❶治氣：掌握並運用軍隊士氣的變化規律。
❷治心：掌握並運用士兵的心理特點。
❸治力：掌握軍力形勢的變化要領。
❹邀：迎擊。
❺治變：掌握敵情而靈活變化戰術。
❻【魯莊公】魯國第十六任君主，在位三十二年（前六九三年～前六六二年）。

曹劌說：「戰爭取勝的關鍵是士氣……」

時之戰[7]的勝利，所以齊軍士氣旺盛，又兼有輕敵之心。魯軍一開始就避開齊軍的鋒芒，撤退到了有利的戰地長勺（今山東曲阜北郊）。兩軍對峙時，魯國大夫曹劌請求出戰，到前線指揮軍隊。魯莊公讓曹劌跟隨自己坐同一輛車，來到了長勺。

齊軍統帥鮑叔牙見魯國國君都到了戰場，決定發起猛攻，一舉殲滅魯軍。齊軍做好了準備，士兵們齊聲吶喊衝向魯軍陣營。魯莊公也想讓魯軍擊鼓，強大氣勢後迎戰。曹劌制止了他，說：「齊兵現在銳不可當，我軍迎戰正中他們的心意。我們應先按兵不動，只做好防守。」莊公於是命令弓弩手射擊退敵，穩住陣勢，又傳令全軍嚴守陣地，不得擅自出戰。齊軍奮力而來，卻不見魯軍應戰，以為是有埋伏，只好退回本營。過了一會兒，鮑叔牙又讓齊軍擊鼓重振精神。齊軍發起了第二輪進攻，曹劌仍勸魯莊公不要出擊，繼續嚴陣以待，讓敵人自行退後。齊軍第二次進攻又失敗了。

魯軍一直不應戰，鮑叔牙認為魯軍懦弱，決定發起第三輪進攻，攻入魯軍中心。齊軍士兵第三次擊鼓衝殺，但士氣已經沒有前兩次旺盛。曹劌對魯莊公說魯軍可以出戰了。莊公親自擂鼓發令，魯軍將士被國君的氣勢感染，聞令後都爭先衝到前陣。魯軍一鼓作氣，齊軍士氣很快衰竭，士兵被殺得七零八落，齊國公子雍被魯莊公一箭射死。齊國士兵們爭相棄甲逃竄，齊軍最終潰敗。莊公欲乘勝追擊，曹劌勸阻他暫時不要追上去。他登上戰車前橫木觀察齊軍的逃跑跡象，確定齊軍是真逃後，他才讓莊公下令全力追擊。魯軍追殺了齊軍三十餘里，繳獲齊軍無數輜重，大獲全勝而歸。

---

❼【乾時之戰】西元前六八五年，魯軍護送齊國公子糾回國即位，齊國另一公子小白搶先登上王位，並派齊軍阻擊魯軍。同年，魯莊公領兵攻打齊國，於乾時與齊軍交戰，結果齊軍大敗魯軍。

戰後，莊公向曹劌請教為何等齊軍第三次進攻時才應戰。曹劌說：「戰爭取勝的關鍵是士氣，擊鼓就是為了激勵士氣。一般說來，第一次擊鼓進攻時，士氣最旺；第二次再擊鼓進攻，士氣不如第一次了；等到第三次時，士氣消耗得差不多了。敵軍三次擊鼓，士氣已衰，我軍一鼓作氣，所以可以打敗對方。」

曹劌從擊鼓的作用出發，分析敵軍的士氣變化規律及士兵的心理特點。他的用兵之道，正是孫子所謂的「治氣」、「治心」。戰爭中，兩方的較量是直接以士兵來較量的。士兵的力量又與其鬥志有關，士氣足則鬥志高，鬥志高則有「勢」，勢不可當就會獲勝。所以，掌握士兵的心理特點，正確利用士氣變化的規律來作戰，就能使敵我雙方的「勢」形成鮮明的對比。也就是，避開敵人的鋒芒，選擇敵人士氣最弱的時候出擊。總之，不以弱對強，而以強對弱，這跟乘虛而入是同一個道理。

小心敵人的詭詐

【原文】

故用兵之法，高陵勿向，背丘勿逆，佯北勿從，銳卒勿攻，餌兵勿食，歸師勿遏，圍師必闕❶，窮寇勿迫，此用兵之法也。

【譯文】

所以，用兵的原則是：對佔據高地、背倚丘陵的敵方，不要與其正面作戰；對於假裝敗逃的敵軍，不要跟蹤追擊；不強攻敵人的精銳部隊；不被敵人的誘餌之兵所迷惑；不阻截正在向本土撤退的逃敵；圍困敵軍時，為他預留一面缺口；對於陷入絕境的敵人，不要過分逼迫他們的士兵，這些都是用兵的基本原則。

❶圍師必闕：圍困敵人應留一面缺口，只圍三面。是爲了使敵人有求生希望而不至於死戰，是爲攻心術的一種。水，今安徽瓦埠湖一段，源出肥西、壽縣之間的將軍嶺。

【歷史再現】

淝水之戰

五胡十六國[2]時期，前秦皇帝苻堅統一北方政權後，開始向南吞併諸侯。苻堅南征東晉時，晉孝武帝[3]詔令謝玄為建武將軍，率兵八萬抵抗苻堅。

西元三八三年十一月，謝玄派猛將劉牢之率領精兵五千奔赴洛澗[4]，阻擊前秦將領梁成的部隊。劉牢之分兵兩路，對前秦進行前後夾擊，取得了初戰的勝利。洛澗之戰後，苻堅命令苻融（苻堅的弟弟）率領前秦軍隊沿著淝水[5]西岸布陣，企圖在東晉軍隊渡水到一半時再出擊。

雖然前秦軍在洛澗之戰中損失了一萬多的兵力，但他們原有八十多萬的兵力，剩下的兵力仍是東晉的好幾倍。謝玄自知敵我力量懸殊，不宜長久對峙，而應速戰速決。他派人勸誘前秦主將苻融說：「您把軍隊駐紮在淝水岸邊卻按兵不動，您這是持久戰的辦法。秦軍兵力眾多，不如把軍隊後撤，讓晉軍過河一決勝負。」前秦的將領們認為前秦兵力佔據絕對優勢，佔守河岸抑制晉軍過河可保萬無一失，所以反對東晉使臣的提議。苻堅仍堅持「半渡截擊」之法，說：「我軍稍微後撤，等他們渡河渡到一半時，我們全力進攻，一定獲勝。」苻融也認可先後撤的方法，於是鳴鼓揮旗，命軍隊後撤。

前秦軍在洛澗之戰中戰敗，士氣低落，軍心渙散，等大部隊揮旗撤軍時，士兵們馬上亂作一團。這時，混跡在秦軍中的晉軍將領朱序[6]趁亂高喊：「秦軍失敗了！秦軍失敗了！」謠言一傳十、十傳百，秦軍士兵都信以為真，逃散的人無數，軍隊頓時潰不成軍。晉軍大將謝玄、謝琰[7]、桓伊[8]等見秦軍混亂，立刻率軍渡河攻擊前秦軍隊。苻融本想截住逃走的士兵奮起反擊，不料自己的戰馬倒地，他也被衝上來的晉軍殺死。前秦軍主將已死，軍隊立刻崩潰了，士兵們四下逃散。晉軍趁勢追擊，一路劫殺前秦軍到青岡。秦軍被殺死或被踩踏而死的人漫山遍野，不計其數。剩下在逃的前秦士兵都驚恐不已，不敢停步喘息，一路上饑寒

❷【五胡十六國】「五胡」指匈奴、鮮卑、羯胡、氐、羌五個北方民族，十六國有前涼、後涼、南涼、西涼、北涼、前趙、後趙、前秦、後秦、西秦、前燕、後燕、南燕、北燕、胡夏、成漢。

❸【晉孝武帝】司馬曜（三六一～三九六），東晉的第九任皇帝。

❹【洛澗】洛澗又名洛水。

❺【淝水】又作肥水，今安徽瓦埠湖一段，源出肥西、壽縣之間的將軍嶺。

❻【朱序】曾是東晉將領，在前秦攻打襄陽時堅守抵抗，後被俘虜。

❼【謝琰】東晉宰相謝安的次子，與謝玄是堂兄弟。

❽【桓伊】東晉將領，同時也是一名音樂家，作品有《笛上三弄》，又稱《梅花三弄》。

交迫，前秦幾十萬大軍所剩無幾。

淝水之戰，東晉八萬兵力對抗前秦八十萬兵力，敵我力量懸殊。在這樣緊迫的情況下，謝玄只能趁洛澗取勝帶來的旺盛士氣，率軍拼死一戰，求速戰速決。東晉軍隊士氣旺盛，自己軍隊士氣沮喪，苻堅沒有看到這一點，但謝玄卻早已預料到秦軍撤退時會發生混亂，所以才勸苻堅後退。苻堅自恃兵多，以為「退一步」可以將敵人引過來，一舉消滅對方，沒想到自己反中了謝玄的計策。孫子說，「兵者，詭道也」，戰爭從某種程度上來說就是比拼詭詐。兵不厭詐，你詐我也詐。俗話說，「道高一尺魔高一丈」，一定要小心「天外有天，人外有人」。

權衡利弊，適時放棄

【原文】

孫子曰：凡用兵之法，將受命於君，合軍聚眾，圮地無舍❶，衢地交合❷，絕地無留❸，圍地則謀❹，死地則戰。塗有所不由❺，軍有所不擊，城有所不攻，地有所不爭，君命有所不受。

故將通於九變❻之利者，知用兵矣；將不通九變之利者，雖知地形，不能得地之利矣；

---

❶圮地無舍：圮地，山林、沼澤等險要難行的地區。無舍，屯兵駐留。
❷衢（ㄑㄩˊ）地交合：衢地，四通八達之地。交合，廣交諸侯以求互助合作。
❸絕地無留：難以生存的絕境不要停留。
❹圍地則謀：圍地，四周險阻地帶。謀，出奇謀，以免被襲。
❺塗有所不由：塗，通「途」；由，通過。詞句意爲有些道路不要走。
❻九變：九爲極數，九變指極其機動靈活的戰術。

治兵不知九變之術，雖知五利[7]，不能得人之用[8]矣。

【譯文】

孫子說：用兵打仗，將軍一開始接受國君的命令，然後召集人馬組建軍隊出發，其中過程最難的地方在於行軍中對地理環境的應對。一般說來，在山林、沼澤等難以通行的地方不要駐紮停留，在四通八達的交通要道就要與四鄰諸侯結交，在難以生存的絕命地方更不要停留，而是盡快通過，在四周有險阻、容易被敵人圍困的地區就要作好戰爭的謀劃，在極為不利的地方則須堅決作戰。總之，有的道路不要走，有些敵軍要避開不攻，有些城池不要急於攻克，有些地域暫時放棄不爭，君主的某些命令也可以不接受。

能夠根據敵我形勢靈活應變的將領，就是真懂得用兵了。將帥固執呆板，不會隨機應變，就算熟悉地形，也無法充分發揮地理位置的優勢。指揮作戰中如果不懂得適時而變，即使知道「五利」，也不能充分發揮部隊的戰鬥力。

【歷史再現】

李淵棄河攻長安

隋朝末年，各地爆發兵變起義。大業[9]十三年（六一七年）五月，李淵在太原起兵。七月，李淵率兵從晉陽出發，由汾水南下，攻佔了霍邑[10]（今山西霍縣），打開了進入關中的通道。隨後，李淵軍又攻克了臨汾、絳郡（今山西新絳）兩地。八月十五日，李淵率軍進駐龍門（今山西河津）。這時，隋朝將領屈突通屯數萬軍隊於河東（今山西永濟西南），阻止李淵軍入關。

李淵的部下李力向李淵提議說：「如今隋軍被派往各地鎮壓起義軍，都城長安一定空虛。我們應直接攻入長安，長安失守，屈突通一定會投降。到時，河東不攻自破。」李淵不贊成李力的計策。他與諸將分析說，屈突通的兵力雖多，但他們「相去五十餘里，不敢來戰，足明其眾不為之用」。他又說，屈突通害怕隋朝廷追究責任，一定會出兵。兩軍交戰，自己「前扼其喉，後拊其背」，一定可以擒拿屈突通。

九月初十，李淵率軍包圍河東。屈突通佔據河東城高而險峻的地理優勢，堅守不戰。李

---

❼五利：指「塗有所不由，軍有所不擊，城有所不攻，地有所不爭，君命有所不受」這五種戰爭原則的利害。

❽得人之用：發揮軍隊的戰鬥力。

❾【大業】隋煬帝楊廣的年號，從六〇五年正月到六一八年三月使用。

❿【邑】這個詞最早出現在春秋戰國時期，指諸侯分給親王、大夫的封地，後來也代指城市。

淵屢次發兵進擊，未能攻下，軍力又損耗慘重。李淵的兒子李世民這時也提出繞過河東攻長安的建議，但李淵的部將裴寂[11]堅持先取河東。裴寂說，如果長安攻不下，軍隊後路又被屈突通阻斷，到時就會背腹受敵。李世民說「智不及謀，勇不及斷[12]」，應該「乘虛而入」，才能「號令天下」。李淵最終採取了李世民的建議。

當天晚上，李淵留下部分士兵繼續攻城，迷惑並牽制屈突通，然後他率領主力渡河西進，直趨長安。屈突通聽說李淵要攻打長安後，留下部分兵力守河東，自己率軍回救長安。途中，屈突通受李淵的部將劉文靜、王長諧兩人阻擊，未能前進。

李淵到達長安後先施行招降之計，招降不成，他才下令攻城。長安城內隋軍兵力不足，隋朝都城很快失陷。同年十一月，李淵擁立隋代王楊侑[13]為帝，然後自任為大丞相，為稱帝做好鋪墊。第二年，李淵逼迫隋恭帝楊侑禪位。五月，李淵登位稱帝，改國號大唐，仍定都長安。

孫子說：「城有所不攻，地有所不爭。」意即告訴我們作戰中要根據敵我形勢，做出取捨選擇。攻打長安奪天下這一戰，李淵能夠獲勝，李世民功不可沒。在攻打河東還是直取長安的兩個選擇中，李淵本來一根筋想先攻克河東。李世民提出「趁虛而入，號令天下」的戰略方針，讓李淵放棄河東。這是全面分析當前形勢後做出的正確判斷，也是「城有所不攻，地有所不爭」的智慧表現。當地形不利，無法取勝時，放棄攻奪預定的目標，改變戰術，這是靈活作戰的表現。孫子一直強調指揮作戰要靈活變通。根據戰爭的形式，選擇最好的行軍道路，攻取當前最為合適攻取的城池，是為了避開敵人的鋒芒，也是為了選擇有利時機、地點，獲取最大的勝利。

⓫【裴寂】唐初大臣，與李淵交誼深厚，是李淵太原起兵策劃者之一。後支持李淵稱帝，唐建國後，任尚書僕射，是李淵最信任的大臣之一。

⓬【智不及謀，勇不及斷】《舊唐書》《資治通鑑》中記載此戰時都提到該句，意思是智慧不如謀略，勇猛不如果斷。

⓭【楊侑】隋煬帝的孫子，出生於六〇五年，兩歲時被封代王。李淵立他爲帝時，他僅十二歲，去世時僅十五歲。

將領有五個致命弱點

【原文】

是故智者之慮，必雜於利害[1]，雜於利而務可信[2]也，雜於害而患可解也。是故屈諸侯者以害[3]，役諸侯者以業[4]，趨諸侯者以利[5]。

故用兵之法，無恃[6]其不來，恃吾有以待也；無恃其不攻，恃吾有所不可攻也。

故將有五危[7]，必死可殺[8]也，必生可虜[9]也，忿速[10]可侮也，廉潔可辱也，愛民可煩也[11]。凡此五者，將之過也，用兵之災也。覆軍殺將[12]，必以五危，不可不察也。

【譯文】

作戰中，聰慧明智的將帥考慮問題，必然將形勢利害一起權衡。能夠發現並充分利用有利條件，戰爭就可取勝。能看到不利因素，就會防範敵人，禍患就可排除。所以，在權衡利弊後，就可以用損害敵人利益的事情使之降服，用無窮變化的戰術使敵人疲於奔命，用利益為釣餌引誘敵國前來自己軍隊設置好的戰場。這樣，才能取勝。

所以，用兵的原則是：不抱僥倖心理，認為敵人不會前來，而是時刻做好充分的戒備，嚴陣以待。兩軍對峙，不要以為對方不會攻克自己的軍隊，而是要防得堅不可摧，使自己不會被戰勝。

一般來說，將領有五種致命的弱點：沒有謀略，堅持死拼硬打，這樣就可能招致殺身之禍；貪生怕死，臨陣逃脫，則容易被俘；性情暴躁易怒，容易被敵人激將，因受敵侮辱而失

---

❶雜於利害：根據敵我形勢，充分考慮某一戰術的利害關係。
❷雜於利而務可信：考慮到有利條件就有信心完成。
❸屈諸侯者以害：害，不利的事情。用損害敵軍（國）的事情使對方屈服。
❹役諸侯者以業：業，戰爭的奔波之事。此句意爲用複雜繁複的行動使敵軍（國）窮於應付。
❺趨諸侯者以利：用利益調動敵軍（國）。
❻無恃：不用擔心。
❼五危：五種致命的弱點（危險）。
❽必死可殺：必死，拼死硬拼。此句意爲將帥不顧敵情，強硬作戰，無謀略容易招致殺身之禍。
❾必生可虜：貪生怕死，臨陣脫逃，容易被俘虜。
❿忿速：暴躁易怒。
⓫可煩：容易被敵人干擾。
⓬覆軍殺將：全軍覆沒，將帥被殺。

去理智；過分廉潔，以聲名為重，就會因被羞辱而引發衝動；具有仁心，由於愛護民眾而受到敵方的擾民行動干擾，不能做出正確判斷。這五種情況，最容易導致將領犯錯，所以是將領的剋星，同時是軍隊的災難。一旦將領犯這五種錯誤，通常會導致全軍覆沒，將領犧牲。所以，將領一定要認識到這五種危害的嚴重性。

【歷史再現】

姚襄之死

十六國時期，三五三年，東晉將領姚襄背叛東晉，率領手下部隊，自立為大將軍。三五七年，姚襄率軍進駐杏城（今陝西黃陵縣西南），打算奪取關中。同時，他又命令部下姚蘭、姚益及王欽盧等聯結關中一帶的羌胡外族，壯大軍隊。在這過程中，姚襄軍與據守關中的前秦軍發生衝突，前秦帝苻生⑬派苻黃眉、苻堅、鄧羌領兵攻打姚襄。

姚襄這時收集到五萬多士兵，駐守杏城。前秦軍苻黃眉、苻堅等率軍兩萬多人進攻姚襄，姚襄堅守城內，不肯出兵。前秦軍進退為難。鄧羌對苻黃眉建議說：「姚襄此前接連吃到敗仗，軍隊上下士氣低落。現在他們的兵力是我軍的兩倍依然怯戰，說明敵人銳氣已失。我聽說姚襄是個愛民之人，這是他得人心的長處，也是他的弱處。如果我們故意騷擾他的百姓，就可以激怒他，使他出戰。」苻黃眉使用鄧羌的計策，讓他帶領三千騎兵到姚襄軍營前列陣挑釁。姚襄起先置之不理，鄧羌又令兵將欺擾杏城附近的百姓，搶奪他們的子女，掠奪牲畜糧草，杏城百姓一片水深火熱。姚襄得知鄧羌的所作所為後終於忍無可忍，決定出兵。姚襄部下智通勸阻他，說這是敵人的激將法，不要因衝動而中計。姚襄已經聽不進任何勸告，他帶領一隊精兵，未做任何攻略就直接出城找鄧羌的軍隊。

鄧羌早已做好部署，先派出誘兵應戰。交戰不久後，誘兵就假敗撤退引姚襄軍追擊。姚襄再次中計，一路追打秦軍，來到了三原（今山西三原縣）。前秦軍苻黃眉的部隊早已在三原埋伏好，姚襄一到，他們立刻和詐退的鄧羌軍圍攻姚襄軍。姚襄兵力本來就弱，又誤入對方的埋伏，很快就被前秦軍擊潰。不久，姚襄便戰死了。

姚襄愛民本是優點，但他不顧戰爭中的敵我形勢，使自己的優點被敵人所利用，優點就變成了他致命的弱點。姚襄之死，最直接的原因就是他中了敵人的激將之計而衝動進攻。輕敵冒進，使得自己軍隊進入敵人的埋伏。凡是進入敵人埋伏，很少有不失敗的。所以，將領一定要謹慎出兵。將領要想到謹慎，其中最要注意的就是控制自己的心情。因為將領的性情乃至心情關係到軍隊的作戰方向，乃至軍隊的成敗。因此，一方的性情也常成為敵方攻擊

⓭【苻生】前秦第三任皇帝，在位兩年，史書中描述他是個暴君。

姚襄兵力本來就弱，又誤入對方的埋伏，很快就被前秦軍擊潰，不久，姚襄便戰死了。

的突破口。將領心情混亂，理智不清，指揮軍隊就會陷入誤區。將領一步走錯，則全軍覆沒。所以說，戰爭中要理性看清敵我形勢，以及敵方的戰術，不被敵人的任何伎倆所迷惑，才不會上敵人激將之當，掉入敵人的陷阱。

四種地形的處軍之道

【原文】

孫子曰：凡處軍[1]、相敵[2]：絕山依谷[3]，視生處高[4]，戰隆無登[5]，此處山之軍[6]也。絕水必遠水；客絕水而來，勿迎之於水內，令半濟而擊之，利；欲戰者，無附於水而迎客；視生處高，無迎水流，此處水上之軍也。絕斥澤[7]，惟亟去無留[8]；若交軍於斥澤之中，必依

---

❶處軍：部署軍隊。

❷相敵：相，觀察。觀察敵軍。

❸絕山依谷：絕，經過。越過高山時沿著溪谷行軍。

❹視生處高：視生處，向陽處。指應該駐軍在向陽的高地。

❺戰隆無登：敵人在高處不應仰攻。

❻處山之軍：山地上行軍時的部署原則。

❼斥澤：沼澤。

水草而背眾樹，此處斥澤之軍也。平陸處易，而右背高，前死後生，此處平陸之軍也。凡此四軍之利，黃帝之所以勝四帝也。

凡軍好高而惡下[9]，貴陽而賤陰，養生而處實[10]，軍無百疾[11]，是謂必勝。丘陵堤防，必處其陽而右背之。此兵之利，地之助也。上雨，水沫至，欲涉者，待其定也。

凡地有絕澗[12]、天井[13]、天牢[14]、天羅[15]、天陷[16]、天隙[17]，必亟去之，勿近也。吾遠之，敵近之；吾迎之，敵背之。軍旁有險阻、潢井[18]、葭葦[19]、山林、翳薈[20]者，必謹覆索之，此伏奸之所處也。

【譯文】

孫子說：在各種不同地形上行軍和觀察判斷敵情時，應該注意以下幾方面：從山地穿過時，必須駐紮在居高向陽的地方，依靠有水草的山谷。敵人佔領高地時，不要仰攻。這是在山地上對軍隊的部署原則。橫渡江河等流水之處時，應遠離水流駐紮。敵人渡水來戰，不要在江河中迎擊對方，而要等敵軍渡水渡過一半時再攻擊。如果要同敵人決戰，不要緊靠水邊列陣。在江河附近紮營時也要居高向陽，不要面迎水流。這是在有流水的地區對軍隊的部署原則。通過鹽鹼沼澤地帶，不要逗留，而要迅速離開。如果同敵軍相遇於沼澤地帶，就選擇背靠樹林的水草之地。這是沼澤地帶上對軍隊的部署原則。來到平原上，就應佔領開闊地域，旁邊最好有前低後高、可以依託的高地。這是在平原地帶上對軍隊部署的原則。以上四種「處軍」原則的戰術，就是黃帝之所以能戰勝其他四帝的原因。

總之，駐軍或者行軍也好，都應該選擇乾燥的高地，而避開潮濕的窪地；選擇向陽的一面，而避開陰暗的一面。另一方面，又不要遠離水草地區，因為有水的地方軍需供應充足，將士百病不生，這樣就有了獲勝的有利條件。丘陵上行軍也如此，必須爭取佔領它向陽的一

---

❽惟亟去無留：唯，必須。指（在沼澤地帶）必須迅速離開，不要停留。
❾好高而惡下：（行軍）喜歡走在乾燥的高地，而不選擇潮濕的低窪之地。
❿養生而處實：選擇有利的地理環境，使軍需供應充足，將士準備充分。
⓫軍無百疾：將士百病不生。
⓬絕澗：兩岸是峭壁，水流其間。
⓭天井：四周是高岩山石，中央低窪。
⓮天牢：天險環繞，易進難出。
⓯天羅：雜草叢生，難以通行。
⓰天陷：泥濘的低地，車騎容易淪陷。
⓱天隙：山間狹谷，溝坑深長。
⓲潢井：積水的低地。
⓳葭（ㄐㄧㄚ）葦：蘆葦叢生之地。
⓴翳薈（ㄧˋㄏㄨㄟˋ）：草木茂盛，可隱藏的地方。

面，並把主要側翼背靠著它。這些不同地區的處軍原則，是作為發揮地利的輔助方法。另外要注意，地理和天氣是相輔相成的。下雨季節容易暴發洪水，雨季禁止徒涉行軍，而應等待水流稍平緩以後。

行軍中，凡是遇到或通過「絕澗」、「天井」、「天牢」、「天羅」、「天陷」、「天隙」這幾種地形，必須迅速離開，不要逗留。危險的地形，我們應該遠離而讓敵人去靠近，讓敵人背靠險勢與佔據有利地勢的我軍作戰。行軍中，如果隊伍兩旁有險峻的狹窄道路、湖沼、流水、蘆葦、山林或草木茂盛的地方，必須謹慎地觀察，因為這些都是敵人可能埋設伏兵和隱伏奸細的地方。

【歷史再現】

宇文泰巧用蘆葦叢設伏

西元五三四年，北魏分裂為東魏和西魏。東魏、西魏的政權分別掌控在各自的宰相高歡、宇文泰手中。自分裂以來，他們就都想吞噬對方，統一北方政權。

五三七年十月，高歡率領二十萬大軍攻打西魏。宇文泰只有一萬多兵馬，且又值關中發生災荒，他的軍隊力量更是單薄。聽說東魏來襲，宇文泰仍決定全力抵抗西魏軍。他命大將王熊在華州駐守，阻擊魏軍西進，同時派人到各地徵集兵馬，壯大隊伍。然後，他率領其餘兵力入關抗擊高歡。

高歡率軍從壺口出發，趕赴蒲阪後，打算渡過黃河攻入關中。高歡的部下侯景等多勸高歡不要直接渡過黃河，而應該利用西魏軍多的優勢，分兵圍堵宇文泰。高歡急於求勝，不聽諸將勸告，領兵由黃河渡過洛水，屯軍許原（今陝西大荔南）西。敵軍威逼長安，宇文泰認為勢態危急，應該趁對方還未站穩腳跟之時攻打他。他命令士兵在渭河搭建浮橋，領兵渡過渭河，然後把軍隊駐紮在距離東魏軍六十里的沙苑（**洛水與渭水間一大片沙草地**）。

紮營後，西魏將領李弼向宇文泰建議說：「敵眾我寡，平地布陣不利於我軍作戰。渭曲十里以外有一處長滿蘆葦的沼澤地，我軍可以埋伏在那裡。」渭曲十里之外不僅沙丘起伏，且沼澤縱橫，蘆葦茂盛，確實是個設伏的好地方。宇文泰認為李弼所言極是，於是暗中派出精銳士兵，讓他們埋伏在蘆葦叢中，並規定聽到鼓聲響起後再一齊衝出來襲擊東魏軍。之後，宇文泰命令部將趙貴、李弼兩人率領左、右兩支軍隊，在渭水岸邊背水列陣以待，引誘東魏軍。

高歡聽說西魏軍已進駐沙苑，當即率軍出擊。東魏軍來到渭曲附近時，高歡部將耶律羌舉勸說：「西魏軍兵力微弱，宇文泰一心想跟我軍決一死戰。敵軍如瘋狗一般，不可不防。此地泥濘難行，蘆葦叢生，敵人伏擊此處，交戰起來不用出全力就可取勝。我們不如與其相持，暗中派精兵突襲長安。敵軍的老窩失陷，宇文泰必可生擒。」高歡一心與宇文泰決戰，本想一把火燒掉蘆葦，後又聽部將侯景的建議，想生擒宇文泰以示聲威，於是揮軍直進。

東魏軍士兵自恃兵多，軍紀散亂，士兵們個個貪功冒進。宇文泰趁東魏軍軍隊混亂冒進之時擂響戰鼓，蘆葦叢中的西魏伏兵即刻奮身挺出。李弼率領的一支鐵甲騎兵又隨後奔來，從側面橫擊東魏軍隊。東魏軍隊被截成兩段，前後不能搭救，很快被西魏軍擊潰。結果，高歡二十萬兵力死傷了八萬人，丟掉戰具逃跑的又有十萬之多。高歡逃到了黃河，率領殘部向東撤退。

孫子說，行軍中常見四種地形：山地、水地、沼澤地、平原地。沙苑之戰，西魏宇文泰兵力微弱，且本來把軍隊駐紮在平地。平地容易暴露軍隊，要想取勝十分困難。其將李弼看到了這一弊端，提出改在沼澤地布陣，以茂盛的蘆葦作為掩護。西魏軍雖少，卻佔據了地理優勢。東魏軍卻自恃兵多，不把西魏軍的地理優勢放在眼裡。孫子說，「絕斥澤，惟亟去無留」，又說「葭葦、山林、翳薈者，必謹覆索之，此伏奸之所處也」。高歡和侯景兩人，明知西魏軍隱藏於泥濘的蘆葦叢中，卻硬是帶兵深入。他們「聰明一世，糊塗一時」，最終導致全軍中了西魏軍的埋伏。可見，把地理因素視為決定戰爭勝負的關鍵，根據不同的地形來處軍，是一個優秀的將領必須遵守的處軍原則。

觀察敵情，透過現象看本質

【原文】

敵近而靜者，恃其險也❶；遠而挑戰者，欲人之進也；其所居易者，利也❷；眾樹動者，來也❸；眾草多障者，疑也❹；鳥起者，伏也；獸駭者，覆也；塵高而銳者，車來也；卑而廣者，徒來也❺；散而條達者，樵採也❻；少而往來者，營軍也；辭卑而益備者，進也；辭強而進驅者，退也；輕車先出居其側者，陳也；無約而請和者，謀也；奔走而陳兵

❶敵近而靜者，恃其險也：敵近，敵人離我軍近。恃其險，依仗他佔領了險要地形。
❷其所居易者，利也：敵人所處之地對其有利。
❸眾樹動者，來也：林木動搖表示敵人來襲了。
❹眾草多障者，疑也：路上草木障礙眾多，說明可能有伏兵。
❺卑而廣者，徒來也：塵土低而分布眾多，是敵人的步兵在攻來。
❻散而條達者，樵採也：塵土疏散飛揚，是敵人正在拽柴而走。

者，期也[7]；半進半退者，誘也；杖[8]而立者，饑也；汲而先飲者，渴也；見利而不進者，勞也；鳥集者，虛也[9]；夜呼者，恐也；軍擾者，將不重也[10]；旌旗動者，亂也；吏怒者，倦也；殺馬肉食者，軍無糧也；懸缻不返其舍者，窮寇也[11]；諄諄翕翕[12]，徐與人言者，失眾也；數賞者，窘也[13]；數罰者，困也；先暴而後畏其眾者，不精之至也；來委謝者，欲休息也。兵怒而相迎，久而不合[14]，又不相去，必謹察之。

兵非貴益多也，惟無武進[15]，足以并力[16]、料敵[17]、取人[18]而已。夫惟無慮而易敵[19]者，必擒於人。

【譯文】

敵人離我軍很近卻異常安靜，是因為他們佔據了險要的地形；敵人離我軍很遠，但多次來挑戰我軍，是想誘我前進。這兩種情況，都是因為敵人所處的地形對他們有利，對我軍有害。樹林中樹木搖動不止，是敵人穿過叢林，隱蔽前來；路上草木等障礙眾多，很有可能是敵人布下的埋伏；群鳥驚飛，則它們下面必定有伏兵；野獸驚跑逃竄，表示敵人大舉突襲；塵土飛揚，漫天蓋地，說明敵人正在奔馳戰車前來；塵土在較低的水平面，且分布寬廣，是敵人的步兵在行軍；塵土疏散飛揚且條理分明，是敵人正在拖拽樹枝行走；塵土少而時起時落，是敵人正在紮營。

敵人派來的使者措辭謙卑，敵人卻又在加緊戰備，說明他們準備進攻；其使者措辭高傲強硬，其軍隊又做出前進姿態的，說明敵人準備撤退；先部署輕型戰車在兩翼的，是在布列陣勢；兩軍稍微交戰或者交戰後敵人尚未受挫卻派人來講和的，說明對方另有陰謀；敵人急速奔跑並列陣而戰的，是企圖約期同我決戰；敵人半進半退的，是企圖引誘我軍。

❼奔走而陳兵者，期也：敵人急速奔跑並列陣的，是準備同我軍決戰。
❽杖：長柄兵器。
❾鳥集者，虛也：鳥集，鳥雀聚集。敵人營寨上聚集鳥雀的，營中無人。
❿軍擾者，將不重也：軍隊混亂，是因爲將軍沒有威望。
⓫懸缻不返其舍者，窮寇也：懸缻，掛起盛水器具。收拾起汲水器具，部隊不返營房的，是要拼死作戰的窮寇。
⓬諄諄翕翕（ㄒㄧˋ）：士兵們聚在一起議論紛紛。
⓭數賞者，窘也：多次獎賞以激勵士氣的，說明陷入了窘境。
⓮不合：不交戰。
⓯惟無武進：不能自持武力強大就輕敵前進。
⓰并力：集中兵力。
⓱料敵：查明敵情。
⓲取人：取得部下的信任。
⓳無慮而易敵：沒有謀略又驕傲輕敵。

敵兵靠著兵器站立，說明他們饑餓；供水兵打了水後自己先飲，說明對方缺水而乾渴；敵人看見有利可圖卻不進兵爭奪，是疲勞的表現；敵人營寨上聚集鳥雀，營中已無人；敵人夜間驚叫，是惶恐的表現；敵營混亂不堪，是敵將治軍無能，沒有威嚴的表現；敵軍旌旗搖動不止，又不整齊，表明敵人隊伍已經混亂。敵軍將領暴躁易怒，說明其全軍已經疲倦；敵軍殺馬吃肉，說明軍中已無糧草；收拾起汲水器具，表明其部隊不再返回營房，這是要拼死決戰的表現；敵營士兵聚眾議論，其將領又低聲下氣同部下講話，說明敵將失去人心；敵將不斷犒賞士卒或不斷懲罰部屬，說明其軍陷入了困境。先粗暴對待部下然後又害怕部下，是最不會帶兵的將領。派來使者送禮談和，表明敵人想休戰；敵人分明怒氣沖沖同我對陣，但卻久不交鋒也不撤軍，必須謹慎地觀察他的企圖。

打仗並非兵力越多越好，只要不輕敵冒進，並集中兵力、觀察敵情，取得部下的信任和支持，也就足夠了。那種既無作戰的謀略而又驕傲輕敵的人，必定會被敵人俘虜。

【歷史再現】

年羹堯聞雁知戰

雍正[20]元年（一七二三年）十月，青海發生羅卜藏丹津叛亂[21]，雍正命年羹堯[22]為撫遠大將軍，讓他坐鎮西寧，指揮平叛。

年羹堯率領清軍行進到西寧附近時天色已黑，他命令全軍安營紮寨。三更時，年羹堯被淒厲的雁聲驚醒。他披上大衣走出營帳，見到一群大雁正從營帳上空飛過並發出驚恐的啼叫。年羹堯不由心想：今夜無月光，按理說大雁應該在水邊棲息。現在它們卻驚叫飛行，且速度迅疾，看來是有人驚擾了它們。從大雁的鳴聲來看，它們的起飛地點應該就在不遠處。

第二天一早，年羹堯就派偵察兵到附近偵探地形。偵察兵回來報告說：「前方不遠處有群山，群山之間水泊眾多。」年羹堯暗自思忖了一番，認為是叛軍想先發制人，趁自己部隊奔波疲勞之際發起突襲。他當即下令全軍戒備，又部署士兵設好埋伏，然後召集全軍將士對他們說：「今夜四更時分，叛軍一定會突襲我們的營寨。我們設好埋伏，到時就要

---

⑳【雍正】清朝第五位皇帝愛新覺羅胤禛（一六七八年～一七三五年）使用的年號，史稱清世宗，又稱雍正帝。

㉑【羅卜藏丹津叛亂】青海蒙古和碩特部落的首領羅卜藏丹津因不滿清朝限制他的權利而叛亂。年羹堯和清廷部將岳鍾琪等率軍鎮壓，不到一年就平定了叛亂，加強了清朝對青海以及包括喀木（康區）在內的藏族地區的影響。

㉒【年羹堯】平定羅卜藏丹津叛亂，立下赫赫戰功，權傾一時。但第二年就在政變中被剝奪官爵，後於雍正四年（一七二六年）被賜自盡。年羹堯的妻子是納蘭性德的女兒。

三更時，年羹堯被淒厲的雁聲驚醒。

沉著冷靜，奮勇殺敵。」諸將不明白年羹堯何以得知叛軍四更來襲，但仍遵照命令埋伏好。這一天晚上的四更左右，叛軍果然前來侵襲清軍營帳。清軍早已在途中埋伏，待叛軍進入伏地之後，他們立即發起攻擊。天未亮時分，叛軍招架不住，撤軍潰逃。清軍將士得勝歸營。

後來，諸將詢問年羹堯怎麼知道叛軍來襲的消息。年羹堯說是由雁聲得知的，諸將皆贊他是「神將」。

孫子說：「眾樹動者，來也；眾草多障者，疑也；鳥起者，伏也；獸駭者，覆也。」無論是敵方還是我方，行軍的過程都是跟自然接觸的過程。此時，自然萬象都跟人類的活動有關，所以通過自然現象的變化可以觀察敵人的行軍詭計。帶兵打仗不能僅逞匹夫之勇、還必須時時戒備。要想做到有效的戒備，就要從各種現象中觀察出敵人的行軍詭計。一軍統帥如果上知天文下知地理，就能夠透過飛禽鳥獸的蛛絲馬跡看出對方的行動。將領見微知著，才能料敵如神。如年羹堯一樣，從雁聲中聽出敵人侵襲的信號，令全軍戒備，因此獲得了戰爭的有利形勢。敵人自以為隱藏得很好，我軍卻早已做好應敵準備，以我軍的有備對敵軍自以為萬無一失的無備，當然是有準備的我方勝利。這就是觀察敵軍的好處。

帶兵行軍要寬嚴並施

【原文】

卒未親附而罰之，則不服，不服則難用也。卒已親附而罰不行，則不可用也。故令之以文❶，齊之以武❷，是謂必取❸。令素行❹以教其民，則民服；令素不行以教其民，則民不服。令素行者，與眾相得❺也。

【譯文】

如果士兵們還沒有親附，將領就執行嚴懲政策，士兵們就會不滿乃至不服從將領。士兵不服從，就難以使用他們。士兵已經親附將領，將領又不執行嚴明的軍紀，致使士兵驕縱，這樣的士兵同樣不能用來作戰。所以，要寬厚仁慈地對他們，使他們思想統一歸附自己，同時用獎賞分明的嚴格軍紀指揮他們，使得軍隊行動一致。帶兵帶出這樣的效果，作戰才有取勝的希望。一般說來，平時以軍紀法令管教士兵，士兵就會養成服從的習慣。反之，士兵就會不服從將領。將領在平時能夠使軍紀命令得到貫徹執行，就說明其軍隊上下統一，內部團

結，將帥與士兵相處融洽。

【歷史再現】

郭威治軍

五代十國時，後漢[6]劉承佑即位之後不久，大臣李守貞、趙思綰與王景崇三人聯合叛變，劉承佑派白文珂、郭從義、常思等人討伐叛軍。後漢軍擊敗李守貞後，李守貞退守河中城（今山西永濟市蒲州鎮），堅守不戰。白文珂等人圍困叛軍多久，仍無法破城。劉承佑就請出老將軍郭威統兵征伐李守貞。

---

❶令之以文：令，教育。文，寬仁的手段。此句意為用寬厚仁慈的手段統一軍隊的思想。

❷齊之以武：武，軍紀、軍法。用軍紀法令統一軍隊的行動。

❸必取：作戰一定會獲勝。

❹令素行：軍令平時都得到認真的貫徹。

❺與眾相得：軍隊將領與士兵們融洽相處。

❻【後漢】由後晉（九三六～九七四）的河東節度使劉知遠於九四七年建立，始建都太原，後改遷汴京（今開封）。即位第二年，劉知遠去世，其子劉承佑繼位，稱漢隱帝。

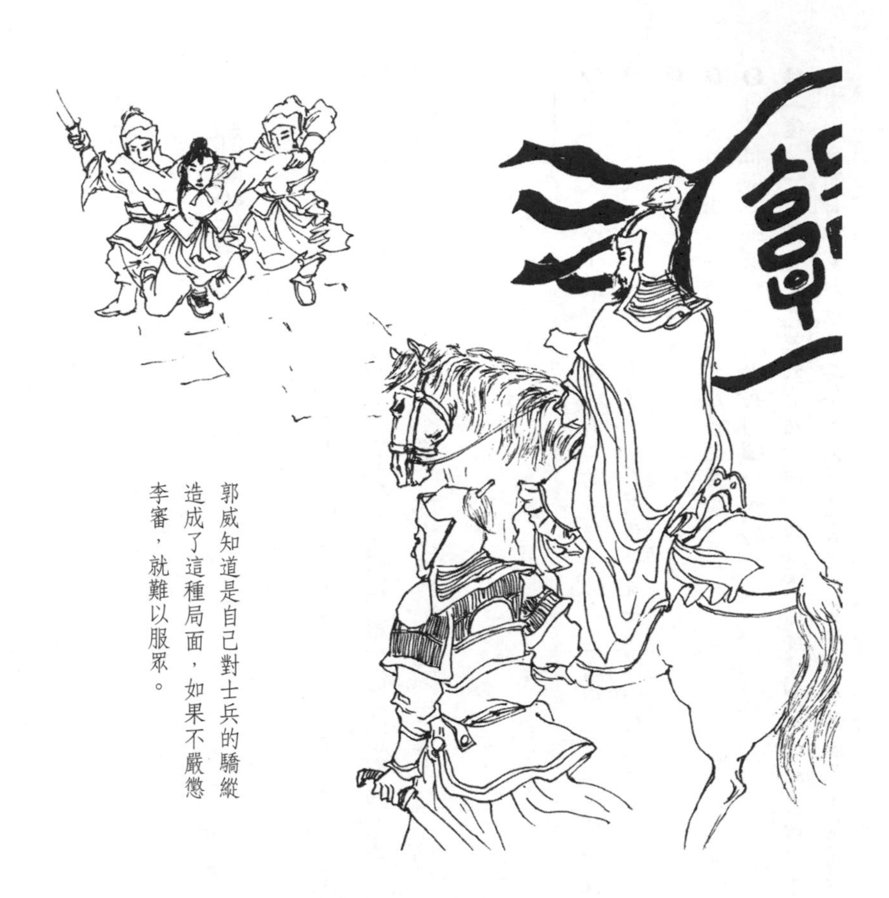

郭威知道是自己對士兵的驕縱造成了這種局面，如果不嚴懲李審，就難以服眾。

郭威出征前向老太師馮道[7]請教此次作戰的取勝關鍵，馮道說：「李守貞帶兵多年，士兵們都歸附他。如果你能把兵帶得比他好，讓他們都歸順你，一定能打敗他。」郭威牢記馮道的教誨。行軍中，他對士兵照顧得無微不至。士兵生病了，他去看望。士兵立功了，他必定重賞。士兵犯了錯誤，他盡量不懲罰。這麼做之後，郭威果然贏得了士兵們的愛戴。

後漢軍抵達河中城

後，郭威讓士兵們在城外修築攻城的堡壘，完工之後他卻不下令攻城，而是施行圍困。李守貞被郭威圍困，無法與城外的趙思綰、王景崇取得聯繫，自己的軍隊兵力又遠遠不如後漢軍，他十分著急。一天，李守貞偶然聽到將士們議論郭威治軍的事情，說他對待士兵十分寬仁。李守貞心生一計。他讓幾個精明的士兵喬裝打扮成貧民出城，在郭威軍的駐地附近開了幾家酒館。酒館的物價低廉，還可以賒帳。郭威的士兵們經常到李守貞的酒館裡喝酒，喝得醉醺醺地回到營中，郭威也不懲罰他們。一天晚上，李守貞趁郭威的士兵們又酩酊大醉之時，派出部將王繼勳率領一千多精兵突襲後漢軍。後漢軍的巡邏騎兵喝得不省人事，叛軍一度攻入營中。郭威被驚醒後馬上召集部隊應戰，沒想到士兵們被叫醒後一個個渾噩不清，不敢向前。後漢軍禁軍隊長李韜見此情景，率先向叛軍衝殺過去。後漢士兵這才反應過來，隨之拿起武器迎向敵人。王繼勳自知敵眾我寡，率軍退回了城中。

這一次突襲後，郭威認識到自己治軍出現了問題。他第二天就對全軍下令說：「如果不是犒賞宴飲，所有軍士不得擅自飲酒，違者按軍法論處。」誰知，命令下達後的第二天，郭威的愛將李審就違反了禁酒令。郭威知道是自己對士兵的驕縱造成了這種局面，如果不嚴懲

❼【馮道】五代瀛州景城（今河北交河東北）人，字可道，自號長樂老，歷仕後唐、後晉（契丹）、後漢、後周四朝十君，官至宰相，任職二十多年，人稱官場「不倒翁」。

李審，就難以服眾。即便有萬般不忍，他還是決定懲殺李審以嚴軍紀。李審被處死，後漢士兵的放縱態度有了收斂，對郭威敬畏了許多。

經過這次整頓，後漢軍的戰鬥力較以前更加強大了。後來，郭威繼續實施守而不攻的計策，拖累叛軍。最後，在叛軍的兵力損耗將盡之時發動攻擊，一舉平定了李守貞，繼而又征伐趙思綰和王景崇，平定了三人的叛亂。

郭威平定李守貞這一戰，險些因為治軍不當導致失敗。一開始，他為贏得軍心實施寬仁的待兵之道。在未取得士兵親附之前，他不懲罰犯錯的士兵。這個謀略和孫子所說「卒未親而罰之，則不服，不服則難用也」的道理是一樣的，是為了防止士兵對自己不滿不服。然而，孫子同時說：「卒已親附而罰不行，則不可用也。」士兵依附歸順自己後，如果不執行嚴明的軍紀，當罰則罰，這樣的士兵同樣不能用來作戰。郭威對士兵的驕縱，讓士兵們養成了不把軍紀命令當一回事的習慣。士兵們不服從命令，就難以指揮他們作戰，一盤散沙是不具備戰鬥力的。所以說，將領治軍一定要寬嚴並施，使士兵們既親附自己、上下同心，又敬畏自己、服從指揮。

利用地形的六種原則

【原文】

孫子曰：地形有通者❶、有挂者❷、有支者❸、有隘者❹、有險者❺、有遠者❻。我可以往，彼可以來，曰通。通形者，先居高陽，利糧道，以戰則利。可以往，難以返，曰掛。掛形者，敵無備，出❼而勝之，敵若有備，出而不勝，難以返，不利。我出而不利，彼出而不

❶通者：四通八達之地。
❷挂者：易進難出之地。
❸支者：敵我雙方都不適合出擊的地方。
❹隘者：山峽之間的險要之處。
❺險者：險要之地。
❻遠者：敵我相距較遠。
❼出：進攻。

利，曰支。支形者，敵雖利我[8]，我無出也，引而去之，令敵半出而擊之，利。隘形者，我先居之，必盈之[9]以待敵。若敵先居之，盈而勿從[10]，不盈而從之。險形者，我先居之，必居高陽以待敵；若敵先居之，引而去之，勿從也。遠形者，勢均，難以挑戰，戰而不利。凡此六者[11]，地之道也[12]，將之至任[13]，不可不察也。

【譯文】

孫子說：地形有「通」「挂」「支」「隘」「險」「遠」六種。敵我雙方都可以行軍作戰的地域，叫做「通」。在「通」形地域上，應搶先佔據寬闊向陽的高地，保證我軍糧食輸送暢通無阻，這樣作戰才有利。可以前進，難以返回的地域，稱為「挂」。在「挂」形的地域上，如果敵人沒有防備，我軍就能伺機突擊，打敗敵人。如果敵人做好了防備，我軍出擊就難以取勝，到時撤退又困難，這麼作戰就不利了。凡是不利於我軍出擊，也不利於敵人出擊的地域叫做「支」。在「支」形地域上，雖然敵人以利引誘，我軍也不要出擊，而應該率軍假裝撤退，誘使敵人出擊。到敵人出擊一半時我軍再回師反擊，這樣才有利於取勝。在「隘」形地域上，我軍應該搶先佔領戰地，並用重兵封鎖隘口，以等待敵人的前來。反之，如果敵人已搶先佔據了隘地，並派重兵把守隘口，我軍就不要進攻。如果敵人沒有用重兵據守隘口，我軍就可以進攻。在「險」形地域上，如果我軍比敵人先到達，就必須佔領控制開闊向陽的高地，以等待敵人的到來；如果敵人先我軍佔領戰地，我軍就不要前進攻打敵軍了，而應該率軍撤離。在「遠」形地域上，敵我雙方實力相當，又相距甚遠，就不宜奔襲去挑戰。這種情況下勉強求戰，非常不利。以上六點，是利用地形的原則。根據不同的地形來謀劃部署，這是將帥的重大責任之所在，將帥一定要考察研究。

【歷史再現】

關羽水淹七軍

建安十六年（二一一年），劉備西進益州，留諸葛亮、關羽、張飛、趙雲等人守衛荊州。九年，劉備攻取益州到了關鍵時候。隨同劉備入川的部將龐統陣亡，劉備於是令諸葛亮、張飛及趙雲等入川加強蜀軍力量，只留關羽守荊州。建安二十四年（二一九年），劉備

---

❽敵雖利我：雖然敵人以利引誘我軍。
❾盈之：重兵把守。
❿勿從：不要進擊。
⓫六者：指上述六種地形之利害關係。
⓬地之道也：利用地形指揮的原則。
⓭將之至任：爲將領應負之重任。

關羽趁機率領士兵渡船圍攻魏軍，于禁和龐德被洪水圍困，無力迎戰，只有挨打的份。

已經穩定益州、漢中。關羽獨守荊州，不甘落後。他見曹操正支出兵力與孫權作戰，就乘虛進攻曹操的樊城。曹操一邊派人與東吳孫權說和，唆使他共同對付關羽以奪荊州，一邊派曹仁率軍援救樊城。

孫權早就想奪回荊州，便答應曹操聯合攻打關羽。此時，樊城戰事不利。曹操派大將于禁和龐德率領七支軍隊約三萬多人援助曹仁。曹仁讓他們屯兵在樊城北面的平地上，打算先設法使關羽攻城，然後再與于禁裡應外合，打敗關羽。前線敵軍的力量加大，後方又遭東吳軍隊威逼，形勢對關羽十分不利。與于禁部隊的第一戰，關羽被龐德射中一箭。關羽前額受傷，只得暫時守在營內養傷。于禁看見關羽閉門不戰，就讓大軍安營修整。

關羽聽說于禁放鬆戒備後，不顧傷勢，出營觀察地形。回到營中後，他就下令全軍暗中準備船隻、木筏等水上交通工具。關羽的部將不解，關羽說：「這兩天很可能下雨，到時江水上漲，我們堵住各處水道口，魏軍肯定全軍覆沒。」過了不久，果然下起了連綿大雨。各排水口早已被關羽軍堵住，樊城漢水猛漲，水高有五六丈，于禁的七軍被淹死無數。關羽趁機率領士兵渡船圍攻魏軍，于禁和龐德被洪水圍困，無力應戰，只有挨打的份。最終，于禁投降，龐德不堪受辱而自殺，剩下的魏軍也都投降了。

關羽「水淹七軍」這一戰，于禁率領的魏軍所處的地形是平地，也就是孫子所說的「通」，敵我雙方都可以來往無阻。孫子說，在「通」形區域上，應搶先佔據寬闊向陽的高地。高地之利，在於能夠俯視對方，能夠埋伏射擊，還能夠遠離水害。然而于禁看見關羽閉門養傷後，放鬆警惕，不做地理準備就在原地紮營。反之，關羽卻能審時度勢，充分考察地形、天氣的綜合因素，藉助水利把「通」的優勢佔為己有。利用地形做好謀略，其實就是考察各方面因素之後，比敵人做更充分的戰備。所以說，「地之道也，將之至任，不可不察也」。

六種戰敗，將帥有責

【原文】

故兵有走者❶、有弛❷者、有陷❸者、有崩❹者、有亂❺者、有北❻者。凡此六者，非天地之災，將之過也。夫勢均，以一擊十，曰走；卒強吏弱，曰弛；吏強卒弱，曰陷；大吏怒而不服❼，遇敵懟而自戰❽，將不知其能，曰崩；將弱不嚴，教道不明，吏卒無常❾，陳兵縱橫，曰亂；將不能料敵，以少合眾，以弱擊強，兵無選鋒，曰北。凡此六者，敗之道也，將之至任，不可不察也。

【譯文】

將領率兵作戰失敗，去除天災地理等不可抗力的因素，一般來說有「走」「弛」「陷」「崩」「亂」「北」六種情況，這六種情況是將領自身的缺陷所產生的。在天時地勢均等的情況下，以少打多而戰敗的稱為「走」；性格懦弱的將軍率領勇猛的士兵，軍隊不聽指揮而戰敗的稱為「弛」；反過來，將軍勇猛剽悍而士兵羸弱，導致戰敗的稱為「陷」；將領之間

有隔閡，副將不聽指揮擅自行動而導致失敗的為「崩」；將領統率能力不足，治軍無方導致官兵關係不和，排兵布陣方法雜亂而失敗的成為「亂」；將帥沒有做出正確判斷，敵眾我寡的情況下出擊，甚至不顧自己軍隊中沒有精銳先鋒，最終導致被大軍打敗的，叫做「北」。這六種情況都是因將帥個人原因而出現的。在這六種戰敗情形下，將帥負有重大責任，所以一定要認真考察軍隊，時刻反省自己。

❶走者：走，跑。指軍隊敗逃。者，前面所述情況（類型）。
❷弛：鬆散。指軍隊混亂，不受將領控制。
❸陷：淪陷，失敗。指軍隊潰敗。
❹崩：潰敗。
❺亂：混亂。士兵關係混亂，排兵布陣混亂，軍紀混亂等。
❻北：敗逃。
❼大吏怒而不服：部將憤怒，不聽從主將的指揮。
❽遇敵懟而自戰：將領等人心懷怒氣，遇到敵人後衝動出擊，擅自作戰。
❾吏卒無常：吏，將領。將領和士兵的關係失常。

【歷史再現】

邲地之戰

西元前五九六年，楚國攻打鄭國。晉成公命正卿（執政大臣兼軍事最高指揮官）荀林父為中軍元帥，讓他領兵救鄭。

荀林父率領晉上、中、下三路大軍到達黃河邊時，鄭國投降了楚國。荀林父聽說楚鄭已講和，認為沒有救援的必要了，就想收兵回師。上路軍主將郤（ㄒㄧˋ）克觀察發現楚軍軍紀嚴明，上下士兵團結有素。他也認為敵我實力懸殊，在大局已定的情況下不要和楚國發生爭鬥。中路軍主將先縠（ㄏㄨˊ）卻說：「如今我晉國稱霸，就是因為我們的士兵勇猛善戰。現在我軍面對楚軍不去主動出擊，卻要撤軍回國，這種膽小的行為會使晉國霸業不保。」晉大夫士會贊同荀林父的看法，反對先縠的冒進。他說：「見到有取勝的機會才進攻，力不如敵就應知難而退，這才是治軍之道。」但先縠一意孤行，公然違令，擅自率領軍隊擅自渡過黃河。荀林父想阻止也來不及了，又怕不戰而退會被追責，只好下令三軍全部渡河，一路向南到邲地（今河南省鄭州市東），在敖山和鄗（ㄏㄠˋ）山之間駐紮，楚莊王親率楚軍前來，他本來不想和晉軍交戰。臣子伍參對莊王說：「荀林父剛剛統領晉軍，他的軍威不足，號令難行。軍中將領先縠不從軍令，其他幾名將領也都各持己見，晉軍意見難以統一，如果打起仗來，晉軍必敗無疑。」楚莊王於是決定全力攻打晉軍。在戰鬥之前，楚莊王先派人到晉軍假意請和，讓晉軍放鬆戒備，同時又做好部署，讓孫叔敖率軍北上與楚軍對峙，準備對抗晉軍。

荀林父早就想領兵回國，見楚國使者來誠心求和，他就放棄了戰鬥準備。

荀林父早就想領兵回國，見楚國使者來誠心求和，他就放棄了戰鬥準備。先縠等主張作戰派仍然堅持對楚作戰，反對講和，荀林父一時之間也不敢擅作主張。楚莊王為了加大晉軍將領之間的矛盾，派兵衝入晉軍大營，讓士兵隨意殺死幾個晉兵。荀林父見勢不妙，恐怕談和不成，就更加急迫地想和楚軍結盟。晉將魏琦、趙旃（ㄓㄢ）主動請命前去說和。魏、趙二人曾經向荀林父請求升官，荀林父沒有答應，兩人心存怨恨。他們主動請命是為了挑釁楚軍，想要晉軍戰敗，使荀林父難堪。晉上路軍士會、郤克料想到魏、趙這次肯定會惹怒楚軍，就建議部將鞏朔、韓厥❿率軍在敖山山下分七處埋伏，並建議中、下軍做好迎戰準備。先縠沒有聽士會的建議，士會、郤克只好各自派軍作好防守。

到了楚軍大營後，魏、趙二人果真對楚軍宣戰。楚軍統帥孫叔敖見晉軍魏、趙二人前來通報宣戰，盛怒之下決定先發制人。他下令三路大軍和楚王親兵傾巢出動，突襲晉軍。荀林父萬萬沒有想到敵軍大舉進攻，驚慌之餘下令晉軍渡河後退。先縠卻在倉促之中集結毫無準備的士兵迎戰，很快被楚軍擊潰。晉軍失去統一指揮。楚軍乘晉軍大亂時發動猛攻，晉軍死傷大半。士會率領的上路晉軍雖早有防備，但恐寡不敵眾，沒有作戰。他親自殿後，才讓上軍從容撤退。

邲地之戰，晉軍慘敗。戰後，晉國喪失長達數十年的霸主地位，楚國奪得中原霸權。晉王晉景公追究戰敗責任，先縠不久被論罪誅殺。

這一戰，晉軍主帥荀林父無力駕馭跋扈之將先縠，又遭不滿不服從於自己的士兵陷害，最終導致軍隊失去統一的指揮而戰敗。晉軍內部，將領之間的矛盾重重，主帥和士兵的矛盾又同時存在。這就是孫子所說的「卒強吏弱」、「吏卒無常」，以致「陳兵縱橫」。而作為中軍主將的先縠，在不利於晉的形勢下，仍舊「以少合眾，以弱擊強」。晉軍「兵無選鋒」，只能倉促應戰。相反，楚軍的將領伍參、孫叔敖等卻能見機行事，又謹慎作戰。楚軍內部將領意見統一，士兵團結奮進。所以勝負可見分曉。

晉軍敗於邲之戰，他們的將帥負有重大責任。回國後，荀林父也認識到是自己指揮不力導致戰敗，所以請晉景公處死自己。晉景公寬赦了他。荀林父吸取教訓，訓練出一支嚴整的隊伍，在後來的晉楚之戰中洗去了邲地之戰失敗的恥辱。

---

❿【韓厥（ㄐㄩㄝˊ）】春秋中期晉國卿大夫，曾任晉國執政，戰國時期韓國的先祖。他是一個優秀的政治家，同時也是一個沙場驍將。

地形不可忽視

【原文】

夫地形者，兵之助[1]也。料敵制勝，計險厄遠近，上將之道[2]也。知此而用戰者必勝，不知此而用戰者必敗。故戰道必勝，主曰無戰[3]，必戰可也；戰道不勝，主曰必戰，無戰可也。故進不求名[4]，退不避罪，唯民是保，而利合於主，國之寶[5]也。

視卒如嬰兒，故可以與之赴深溪[6]；視卒如愛子，故可與之俱死。厚而不能使[7]，愛而不能令，亂而不能治，譬若驕子[8]，不可用也。

知吾卒之可以擊，而不知敵之不可擊，勝之半也；知敵之可擊，而不知吾卒之不可以擊，勝之半也；知敵之可擊，知吾卒之可以擊，而不知地形之不可以戰，勝之半也。

故知兵者，動而不迷，舉而不窮。故曰：知彼知己，勝乃不殆；知天知地，勝乃可全。

【譯文】

地形是用兵打仗的輔助條件。正確判斷敵情，並考察地形的利害，計算道路遠近，進而制定取勝的謀略，這是高明的將領必須履行的職責。懂得綜合各方面的情報去制定謀略，戰爭必定獲勝。不了解上述道理而帶兵打仗的，軍隊必定失敗。所以，如果根據各方面分析而有把握取勝，即使國君禁令開戰，主將也可以選擇打。如果根據分析結果認為沒有勝算，即使國君要求開戰，主將也可以不打。這樣的將領，帶兵打仗不是為了謀求功名，戰爭遇到困難時不會推諉責任。一心保全國家，為國君謀利，這樣的將帥才是國家的棟梁和財富。

帶兵行軍中，將領對待士兵如對待嬰兒，他的部下就會為他赴湯蹈火。對待士卒如同對

---

❶兵之助：用兵作戰的輔助條件。

❷上將之道：上將，主將。道，指責。

❸主曰無戰：主，國君。國君說不可以開戰。

❹進不求名：進，進攻敵人。此句意爲帶兵打仗不是爲了功名。

❺國之寶：國家的棟梁。

❻深溪：極深的溪流。比喻危險地帶。

❼厚而不能使：厚待士兵卻不能使用他們。

❽驕子：被嬌慣了的孩子。公生下一兒半女。

待自己的兒子，士卒就可以跟他同生共死。如果將領厚待士兵卻不能使用他們，溺愛士兵卻不能指揮他們，士兵犯錯卻無法懲治他們，這樣的士兵就如同被嬌慣了的孩子，是無法用來同敵人作戰的。

只知道我軍的部隊有作戰的能力，卻不了解敵人是不可以打的而發動進攻，戰爭只有一半勝算。看到敵軍的兵力微弱可以進攻，但卻不了解我軍的部隊不能作戰而發動進攻，戰爭的勝算也只有一半。知道敵人的軍隊可以打，知道自己的部隊也可以作戰，但卻不了解地形不利於作戰，戰爭的勝算也只有一半。

所以，懂得用兵的人，他指揮軍隊不受任何表象所迷惑，他的戰術根據形勢而靈活多變。因此，了解對方，也了解自己，戰爭發起後軍隊就不會有危險。如果又懂得依據天時和地利的好壞來指揮作戰，那麼就可以說勝利在握而戰無不勝了。

【歷史再現】

崤之戰

西元前六三〇年，晉文公發兵攻打鄭國。秦國和晉國是盟國，秦穆公[9]率兵援助晉。鄭國派燭之武勸說秦穆公退兵。燭之武以滅鄭對晉有利而對秦有害為要點，說服了秦穆公。晉文公聽說秦穆公撤兵，恐怕晉軍難以單獨應對鄭軍，於是反拉攏鄭國，與之交好。鄭國又反叛秦國而歸附晉，秦穆公因此對鄭國懷恨在心。西元前六二八年，晉文公去世。晉文公死後，秦晉盟約消滅。這時秦國駐鄭國的大夫杞子又傳回消息說鄭國北門的城門鑰匙在他手中，秦軍可以趁機攻鄭。秦穆公想對鄭國發兵，他先向老臣子百里奚和蹇叔徵求意見。

蹇叔說：「秦鄭兩國相距遙遠，讓軍隊千里迢迢奔襲遠方的國家，我從來沒有聽說過。士兵奔波疲勞就容易叛變，不遠千里行軍，我方一舉一動又都被對方掌握。遠方的敵軍早有防備，我軍將會疲勞無所獲。這樣出兵，恐怕不對吧？」百里奚也不同意遠征，勸諫秦穆公不要出兵。秦穆公最終沒有聽取二位老臣的建議，堅決對鄭出兵，還任用百里奚的兒子孟明視、蹇叔的兒子西乞術和白乙丙作為統帥。百里奚、蹇叔二人見勸諫不成，自己的兒子又將要送死，就在秦軍出發這一天對著軍隊痛哭。蹇叔提醒兒子說：「晉國一定會發兵攻打秦軍，在崤山阻擊你們。崤有兩座山頭，到時我只能到兩座山之間替你們收屍了！」

西元前六二七年春天，秦軍從秦都雍（今陝西鳳翔縣）出發，一路向東進軍鄭國。雍至

❾【秦穆公】秦穆公，嬴姓，名任好。在位三十九年（前六五九年～前六二一年），《史記》中把他列爲春秋五霸之一，曾協助晉文公回到晉國奪取君位，並把女兒文嬴嫁給晉文公。但文嬴未給晉文公生下一兒半女。

秦軍從秦都雍出發，一路向東進軍鄭國。

鄭都（今河南新鄭市）歷程一千五百餘里，途中需穿過桃林、肴函、轘（ㄏㄨㄢˊ）轅、虎牢等數道雄關險塞。秦軍行至晉國的邊城滑國（在今河南偃師縣之緱氏鎮）時，遇到鄭國商人弦高。弦高聽說秦軍要攻打自己的國家，就謊稱自己是鄭君派來的使臣。他說，鄭國早就知道秦軍對鄭發兵的消息而做好了防備，又派他送十二頭牛來慰勞秦軍士兵，以求和解。秦軍聽說行動敗露後，就決定回師。回師之前滅掉了滑國。

晉國上下正在為晉文公服國喪。聽聞秦軍襲擊自己的城市之後，晉襄公⑩十分憤怒。晉大夫欒（ㄌㄨㄢˊ）枝認為秦軍攻打晉國邊城師出無名，晉軍以正義之師征討，一定可以獲勝。晉襄公穿著喪服親自督軍，又聯合姜戎[11]在崤山東、西兩座山頭之間設下埋伏。西元前六二七年四月，秦軍進入晉軍的埋伏之地，受到晉軍與姜戎的前後夾擊，最終全軍覆沒，孟明視、西乞術、白乙丙三帥被俘。

孫子說，「夫地形者，兵之助也。」行軍和打仗，主要是跟敵人打交道，其次是跟「地」打交道。所謂「地」，就是行軍之地，戰爭之地。有利的地形有助於戰爭取勝，不利的地形會使得自己的軍隊有失敗的危險。所以，孫子又說「料敵制勝，計險厄遠近，上將之道」。一個聰明的將領會考察地形因素之後再決定是否戰爭以及如何戰爭。崤山之戰，蹇叔對秦穆公出征鄭國提出了一語中的的地形見解，認為千里迢迢奔襲他國不是有利的作戰謀略，又提出崤山將會成為秦軍被晉軍攻襲的地方。蹇叔分析地形的利害後才決定戰爭的適當與否。秦穆公卻不把地形的利弊、路程的遠近考慮在內，最終導致秦軍戰敗，三帥被俘。所以說，地形與戰爭的關係以及利用地形的原則至關重要，「不知此而用戰者必敗」。

---

[10]【晉襄公】晉文公的兒子，在位六年。晉襄公死後，趙盾執掌國政。

[11]【姜戎】姜姓戎族。古代對西方少數民族統稱西戎，《左傳》《國語・晉語》中都有記載說戎族是炎帝後代，炎帝得姓姜，所以戎族裡有姓姜的部落稱姜戎。

第十一篇 九地篇

「爭地」之內不要強攻

【原文】

孫子曰：用兵之法，有散地，有輕地，有爭地，有交地，有衢地，有重地，有圮地，有圍地，有死地。諸侯自戰其地[1]者，爲散地；入人之地不深[2]者，爲輕地；我得則利，彼得亦利者，爲爭地；我可以往，彼可以來者，爲交地；諸侯之地三屬[3]，先至而得天下眾[4]者，爲衢地[5]；入人之地深，背城邑多者，爲重地；山林、險阻、沮澤，凡難行之道者，爲圮地；所由入者隘，所從歸者迂，彼寡可以擊吾之眾者，爲圍地；疾戰則存，不疾戰則亡者，爲死地。是故散地則無戰，輕地則無止，爭地則無攻，交地則無絕，衢地則合交，重地則掠，圮地則行，圍地則謀，死地則戰。

所謂古之善用兵者，能使敵人前後不相及[6]，眾寡不相恃[7]，貴賤[8]不相救，上下不相收[9]，卒離而不集，兵合而不齊。合於利而動，不合於利而止。敢問：「敵眾整而將來，待之若何？」曰：「先奪其所愛，則聽矣。」兵之情主速，乘人之不及，由不虞[10]之道，攻其所不戒也。

【譯文】

孫子說：依照用兵的法則來分類的話，軍事地理有散地、輕地、爭地、交地、衢地、重地、圮地、圍地、死地這九種。諸侯在本國境內作戰的地區，叫做散地。在距離敵國邊境不遠處作戰的地區，叫做輕地。我方得之有利，敵人得之也有利的地區，叫做爭地。我軍可以前往，敵軍也可以到來的地區，叫做交地。多國領土接壤之處，先到就可以獲得四方諸侯援助的地區，叫做衢地。穿過敵國眾多城池，深入敵國中心，背靠敵人眾多城邑的地區，叫做

---

❶自戰其地：在本國國土內作戰。
❷入人之地不深：進入離敵境不遠的地區。
❸三屬：三，指眾多。三屬之地，幾個諸侯國國土接壤的地區。
❹先至而得天下眾：最先到達就可以得到四方諸侯的幫助。
❺衢（ㄑㄩˊ）地：衢，四通八達。
❻前後不相及：前軍後軍不能互相策應配合。及，策應。
❼眾寡不相恃：大部隊和小部隊不能協同依靠。
❽貴賤：軍官和士卒。
❾上下不相收：收，聚攏。上下軍事失去聯繫，無法聚合力量。
❿不虞：沒有預料到。

重地。山林、沼澤等險阻難行的地區，叫做圮地。軍隊所行的道路狹窄，退兵返回的道路又迂遠，敵人藉助有利地勢用少量兵力就可以攻擊我方眾多兵力的地區，叫做圍地。速戰得勝就能生存，否則就會全軍覆滅的地區，叫做死地。因此，軍行散地時不宜與敵人開戰，軍行輕地時要停留，遇上爭地而該地已被敵人佔領時就不要勉強進攻，在交地作戰就不要斷絕聯絡，進入衢地就應該結交諸侯，陷入重地就要從敵國獲取糧草，途徑圮地就必須迅速帶軍離開，陷入圍地就要設法擺脫敵人，處於死地就要激勵全軍奮戰求生。

從前善於指揮作戰的人，能使敵人前軍和後軍無法相互配合，主力部隊和小部隊不能相互協同依靠，官兵之間不能互相搭救，上下級之間失去聯繫，軍隊兵力分散不能集中，合兵布陣也不整齊。也就是，在對我有利的時機進攻，對我無利時就停止行動。話說回來，如果敵人依靠兵員眾多且軍隊嚴整、陣容強大，這個時候敵軍向我發起進攻，那該用什麼辦法對付它呢？回答是：先攻取敵人最在意愛護的部份，這樣他們就聽從我們的擺布了。用兵打仗貴在神速，要乘敵人沒有戒備而慌亂時發動進攻，選擇敵人意料不到的道路行軍，攻擊敵人沒有戒備的地方。

【歷史再現】

定軍山之戰

定軍山之戰是三國時期蜀漢和曹魏之爭中的一場著名戰役。

建安十九年（二一四年），曹操攻佔了漢中。漢中是進入蜀漢中心成都的要地，關係到蜀漢的存亡。二一八年，劉備率領大軍進擊漢中，抵制曹操。曹操派夏侯淵、張郃、徐晃等帶兵迎戰。蜀軍在陽平[11]與魏將張郃交戰，未能取勝。二一九年，劉備聽從法正的計策，命令部將黃忠引軍強渡漢水後屯兵定軍山，搶佔定軍山的有利地形。魏軍將領夏侯淵也率兵前來爭山，在蜀軍軍營附近築起營寨。夏侯淵率輕兵守南圍，讓張郃守東圍，又派夏侯尚引兵三千守周邊。

定軍山山路危險難行，易守難攻。蜀、魏兩軍對峙時，各軍將領都不敢主動進攻對方。黃忠屢次派兵挑釁魏軍，夏侯淵堅守不戰。夏侯尚也多次引誘蜀軍出戰。一天，蜀軍又收到

---

⑪【陽平】今陝西漢中市陽平關鎮。陽平關是蜀北主要門户。

定軍山山路危險難行，易守難攻。

情報說敵軍來襲，於是牙將[12]陳式主動請命查明敵情，不料中了夏侯尚的詐敗計而被俘。黃忠向軍師法正請教計策。法正正察看地形回來，他對黃忠說：「定軍山西邊有一座高山，其山路危險崎嶇，非常有利於作戰。此外，從這座山上可以觀測到敵軍的虛實。如果能奪下這座山，敵人的行動一目了然，我們攻下定軍山就易如反掌。」而這座山已被魏軍佔領，由魏將杜襲駐守。黃忠一眼望去，見到山上不過寥寥幾百敵軍，認為可以攻山。當天晚上，黃忠率領士兵雷鳴擊鼓殺上山頂。蜀軍聲勢駭人，杜襲見狀，未戰而逃。蜀軍攻佔了山頂，與定軍山的魏軍形成對立之勢。

夏侯淵見杜襲逃回定軍山，又聽說黃忠奪了自己的守地，大為惱怒，打算出擊。張郃勸阻他，夏侯淵不聽，說：「敵軍都騎到我們頭上來了，我軍虛實被一覽無餘，怎能還不戰？」於是率兵出發。蜀軍奪得山後，法正繼續向黃忠獻計說：「將軍在半山迎敵，我在山頂舉旗為信號。等夏侯淵率兵來後，如果我舉白旗，將軍先按兵勿動。等到敵軍放鬆無戒備時，我舉紅旗，將軍就帶軍衝殺下山。」黃忠依計而行。等到夏侯淵來挑戰後，高居半山腰的蜀軍任憑夏侯淵等辱罵就是不出戰。法正舉白旗舉到了中午，午時過後，他見魏軍人馬疲憊，有人已經瞇眼昏睡，於是就擊鼓舉起紅旗。黃忠率軍下山，突襲魏軍。魏軍措手不及，未等反應過來已經死傷大半，夏侯淵也被黃忠大刀斬死。蜀軍乘勢進攻張郃，佔領了定軍山。

定軍山是個「爭地」，黃忠和夏侯淵兩軍都爭得了此山。既是爭地，則對兩方都有利，因此，起初兩軍都不敢動兵。然而夏侯淵最後被對方軍隊激怒而發兵。他不遵守「爭地則無攻」的用兵原則，最終導致軍隊失敗，自己被殺。

⓬【牙將】古代軍銜，處於將軍之下，指所率領部隊有五千人的部將。率領一萬人的設正副將軍。

深入敵國腹地時，軍心更堅

【原文】

凡爲客之道[1]：深入則專[2]，主人不克[3]；掠於饒野[4]，三軍足食；謹養而勿勞，并氣積力；運兵計謀，爲不可測。投之無所往[5]，死且不北[6]。死焉不得，士人盡力[7]。兵士甚陷[8]則不懼，無所往則固，深入則拘[9]，不得已則鬥。是故其兵不修而戒[10]，不求而得，不約而親，不令而信[11]，禁祥去疑[12]，至死無所之[13]。吾士無餘財，非惡[14]貨也；無餘命，非惡壽也。令發之日，士卒坐者涕沾襟，臥者涕交頤，投之無所往，諸、劌[15]之勇也。

【譯文】

深入敵國境內作戰的軍隊，一般有以下幾種原則：進入敵國境地越深，士兵的戰心越團結，軍隊越有力量，所以敵人越難戰勝我方。在敵國作戰，應在它富饒的地區掠奪糧草，這樣軍隊的給養就得到了保證。要注意休整部隊，善待士兵，使他們不會過於疲勞，而保持他們的士氣，養精蓄銳，以待敵軍。部署列陣要有謀略，巧設計策，使敵人無法判斷我軍的

❶爲客之道：離開本國進入他國境内，稱「爲客」。道，原則。
❷深入則專：進入敵境時軍隊更加團結專注。
❸主人不克：主人，在國土迎擊「客人」的敵人。克，戰勝。此句指在本國境内作戰的軍隊無法打敗客軍。
❹掠於饒野：搶奪敵人富饒的地區。
❺投之無所往：投，放置。之，部隊、士兵。此句意爲把軍隊至於無路可走的境地。
❻死且不北：（戰士）死也不會敗逃。
❼死焉不得，士人盡力：士兵連死都不怕了就會全力殺敵。
❽甚陷：甚，通「深」。深入險境。
❾深入則拘：拘，拘束，引申爲凝聚。意爲深入敵國境内作戰的軍隊其凝聚力更大。
❿不修而戒：（軍隊）不用修整，士兵不用嚴加官職，就會自動加強戒備。
⓫不令而信：不用命令，士兵就會遵守法紀，服從將領。
⓬禁祥去疑：祥，占卜之類的迷信活動。禁止迷信，消除士兵們的疑慮。古代人迷信，認爲一些自然景象是對戰爭的某種暗示。
⓭至死無所之：即使戰死也不會當逃兵。之，逃開。
⓮惡：讀，指厭惡。
⓯諸、劌（ㄍㄨㄟˋ）：諸指春秋時期吳國勇士專諸，誓死幫助公子光殺死吳王僚，在刺殺行動中同時被殺。劌指春秋時期魯國武士曹劌，曾劫持齊桓公，要求他歸還魯國土地。

攻擊方向。將部隊至於困境中也不必害怕，因為士兵們無路可走時就會拼死作戰。士兵在危險的境地之中，恐懼蕩然無存，軍心就會牢固，即使深入敵國腹地也不會離散。遇到迫不得已的形勢時，就可以利用士兵這種心理特點來作戰，那時士兵一定奮力殺敵。這種時候，將領不用修整部隊就能使全軍戒備，不用強令士兵也能完成作戰任務，無須嚴管他們就能使他們團結一致，不用下令就能讓他們服從軍紀，聽命於你。在軍隊中消除迷信等妖言惑眾的活動，打消士兵們的疑慮，使他們相信有希望取勝。這樣，士兵寧願戰死也不會當逃兵。也就是說，我軍士兵沒有多餘的財物，並非他們不愛錢財利益；我軍士兵不顧生死，也並非他們不想長壽。士兵們這麼做，是因為他們只能這麼做。能讓士兵們服從到這個地步的將領，當他命令開戰時，就會發現哪怕士兵們淚流滿面，卻仍然毫無怨言，而是殊死搏鬥。將士兵們置於無路可走的困境，就會出現像專諸、曹劌一樣勇敢的猛士。

【歷史再現】

吳漢進擊成都

東漢光武帝建武元年（二十五年），蜀郡太守公孫述在成都自立為帝，反叛東漢。十一年（三十五年）春，東漢朝廷派吳漢討伐公孫述。吳漢出戰後一連取勝，漢軍順利打到了成都郊外的廣都。吳漢到達廣都後，光武帝下詔告誡吳漢不要輕易進攻成都，因為成都兵多民多，不容易攻克。吳漢獲得了幾次勝利，對光武帝的勸告不以為然，認為應該乘勝一舉消滅叛賊，於是擅自率軍進逼成都。

吳漢的軍隊有兩萬多人，到達距離成都十多里處時，他兵分兩路，讓副將劉尚率領一萬多人駐紮在江水的南岸，他自己則率領餘部駐紮在北岸。南北兩岸相距二十多里。光武帝得知吳漢不僅違令進攻還做了如此部署，他十分震驚，責備吳漢輕敵冒進並詔令他急速引兵返回廣都。光武帝的詔書還沒送到吳漢手中，公孫述就已經派叛將謝豐、袁吉率領十萬多人馬來迎擊吳漢了。

謝豐、袁吉率從這十餘萬人中支出一萬多人攻打劉尚，其餘近九萬人分成二十多路軍圍攻吳漢。吳漢及其士兵與叛軍交戰了一天，未能取勝，退回營寨。謝豐乘勢包圍了吳漢軍。吳漢眼見敵眾我寡，自己軍隊又深入敵境，他知道勢態危急，而軍隊已無退路，於是召集全軍將士，激勵他們說：「我同各位歷經千辛萬苦，轉戰千里才來到這裡。如今我們已經深入敵人腹地，但現在我部與劉尚部失去了聯繫，雙方都被圍困，如果無法取得聯繫，後果不堪設想。我打算暗中轉移兵力，與劉尚共同抗禦叛賊，取得勝利後再回師共同擊退敵人。到時候，大家齊心協力，奮力殺敵，一定可以成功。否則，大家只有死路一條了。各位，生死成敗在此一舉，就看這次了！」漢軍將士聽了吳漢的話大為振奮，紛紛表示願意全力以赴，爭

吳漢於是準備酒肉犒勞士兵，又將戰馬餵飽，在營內插滿旌旗。

取勝利。

吳漢於是準備酒肉犒勞士兵，又將戰馬餵飽，在營內插滿旌旗。一連三天，他的營內煙火不絕，士兵們堅守不戰。謝豐本來就打算對吳漢軍施以圍困之計，因此沒有發兵。第三天晚上，吳漢趁叛軍防備鬆懈之時率主力部隊潛出敵人的包圍圈，悄悄渡江與劉尚部隊會合。謝豐等人沒有發覺吳漢的軍力已經轉移，第二天待吳漢的軍隊出擊時他仍兵分兩路抵禦漢軍。吳漢和劉尚卻已會合，他們率領全軍集中於一點攻打叛軍，從早打到晚，終於攻破了叛軍的圍困，殺死了謝豐、袁吉。之後，吳漢乘勝帶兵返回廣都駐守，稍作休整後繼續攻打公孫述。經過八次大小戰役之後，漢軍以八戰八勝的戰績擊潰了公孫述的主力，最後進逼成都城。公孫述大勢已去卻不肯降服，最後被殺死。

吳漢深入敵人腹地，被數倍兵力於自己的敵軍包圍，其軍隊危在旦夕卻最終獲勝。這並非偶然或者僥倖，而是因為吳漢抓住了「兵士甚陷則不懼，無所往則固，深入則拘，不得已則鬥」的心理特點。這同時也是人的心理特性：不戰則死，拼死作戰還有可能獲勝生存。在這種情況下，漢軍士兵團結如一人，所以不用將領費勁指揮就會自覺奮戰。也就是「死焉不得，士人盡力」。所以，行軍作戰中，即使深入敵國腹地或者險境也不要放棄作戰，而應另尋計策，同時利用士兵此時強大的力量來作戰。

蒙蔽視聽，隱藏意圖

【原文】

故善用兵者，譬如率然❶。率然者，常山之蛇❷也。擊其首則尾至，擊其尾則首至，擊其中則首尾俱至。敢問兵可使如率然乎？曰可。夫吳人與越人相惡❸也，當其同舟而濟而遇風，其相救也，如左右手。是故方馬埋輪❹，未足恃也；齊勇若一，政之道也❺；剛柔皆得，地之理也。故善用兵者，攜手若使一人，不得已也❻。

將軍❼之事：靜以幽❽，正以治❾。能愚士卒之耳目，使之無知；易❿其事，革⓫其謀，使人無識；易其居，迂其途，使民不得慮。帥與之期⓬，如登高而去其梯；帥與之深入諸侯之地，而發其機，焚舟破釜⓭。若驅群羊，驅而往，驅而來，莫知所之。聚三軍之眾，投之於險，此謂將軍之事也。九地之變，屈伸之利，人情之理，不可不察也。

【譯文】

善於用兵的人，他指揮部隊能使部隊如同「率然」蛇一樣靈活應變。「率然」是常山地方的一種蛇，打它的腦袋，尾巴就來救應；打它的尾巴，腦袋就來救應；打它的中間，頭尾都來救應。試問：真可以使軍隊像「率然」一樣嗎？回答是：可以。哪怕如吳國人和越國人這一對互相仇視的敵人，當他們同船渡河遇上大風時，他們也會互相搭救。那時候，他們就如同人的左右手一樣。所以，想用繫馬埋車輪這種方式來表示決戰的鬥志，又以此來穩定部

❶率然：古代傳說中的一種蛇。
❷常山之蛇：常山指今恆山，位於今山西渾源縣東南。常山之蛇指行動靈活。
❸吳人與越人相惡：吳國和越國互相仇視。春秋時期吳國和越國是死敵。
❹方馬埋輪：方，並列。將馬並列繫在一起，將車輪埋起來。表示部隊堅守的決心。
❺齊勇若一，政之道也：使士兵齊心而勇敢如一人，才是治軍的要領。
❻攜手若使一人，不得已也：使全軍如一人奮戰，那是形勢所逼。
❼將軍：將，此處作動詞，指統帥軍隊。
❽靜以幽：鎮靜而得以思考。
❾正以治：正，嚴明。治，治理。以嚴明之法紀治理軍隊。
❿易：變換。
⓫革：變更，改變。
⓬帥與之期：帥，統帥，帶領。之，軍隊。期，兩軍開戰。意指將領下達戰鬥命令，統帥士兵作戰。
⓭焚舟破釜：又作破釜沉舟，打破刀斧等武器，少了渡江的船。表示不返還的決心。

隊，聚攏軍心，這樣做是靠不住的。要使部隊能夠齊心協力，團結作戰如同一人，關鍵在於指揮有方。要使力量不均等的士兵都能發揮作用，關鍵在於恰當地利用地形。所以善於用兵作戰的人，能使全軍上下齊心，團結如同一人，是因為客觀形勢迫使部隊不得不這樣。

一軍將領在戰爭之中應該做到能夠冷靜分析形勢，所出計策高深莫測，管理公正嚴明。在有效管理軍隊的基礎上，又要蒙蔽士兵的視聽，使他們不知道行軍的目標，以隱藏軍情。與敵作戰時，要隨機變更戰略，改變原計劃，使敵人無法得知我軍的真相。偶爾變化駐地，故意迂迴前進，讓敵人無從判斷我軍的進退。發布任務時，能使部隊聽命，士兵們抱著有去無回的決心。指揮士兵如同讓他們登高就抽掉梯子一樣，使軍隊只能前進，無法後退。深入敵國國土作戰時，攻擊的速度要像弩機發出的箭一樣迅猛。指揮士卒要能如驅趕羊群一樣，隨便將他們趕到東邊又趕到西邊，使他們不知道要到哪裡去。把軍隊放置於險境，讓他們奮力殺敵而取勝。這些就是統帥軍隊的要點。九種地形的處軍原則，攻防進退的利害得失，全軍上下的心理狀態，這些都是將帥務必認真考察的要點。

【歷史再現】

朱元璋智退元軍

元朝末年，農民起義軍首領郭子興[14]據守滁州城，元朝派軍攻打滁州。滁州城內糧食緊缺，郭子興此前派出了主力部隊出城尋找糧食。如今元軍襲來，他根本無力應戰。元軍派出使者招降郭子興，郭子興及其部下不願投降，又自知敵眾我寡難以取勝，因此十分憂愁。

郭子興的部下朱元璋建議說：「現在這種情況，如果不讓使臣入城，元軍以為我軍不肯降服，就會殺過來。如果讓使者入城，使者看到城內我軍兵力空虛，回去告知元軍，元軍殺過來，我軍也必死無疑。我建議讓使者入城，然後我軍虛張聲勢，讓使者不知我軍虛實。元軍以為我軍城內兵力眾多，就不敢輕易發動攻擊了。」眼前沒有其他更好的辦法，郭子興於是採取了朱元璋的建議，在城中做好部署，又命令守城的士兵打開城門時對使臣施以威嚴，

---

[14]【郭子興】於元至正十一年（一三五一年）率眾起義，第二年攻下濠州（今安徽鳳陽縣）後自稱元帥。朱元璋攻下滁州後，郭子興也來到了滁州，朱元璋交出兵權，依附郭子興。郭子興任命朱元璋爲軍隊主帥，將義女嫁予朱元璋。朱元璋稱帝後封郭子興爲滁陽王。

震懾他。

使臣沒進城就聽見守城士兵先大吼一聲，還沒回過神來又被起義軍扭住胳膊按倒在地。這時的他早已嚇破了膽。接著，起義軍又命令他跪爬到元帥府。一路上，使臣但見路邊兩側都是排列整齊的士兵，個個手持大刀，肩挎長槍。待來到元帥府大堂上時，又見朱元璋一副威嚴無比的樣子，他嚇得不敢多說一句，顫抖著拿出招降通告，呈遞給朱元璋。朱元璋看了幾眼招降通告後拍案而起，一口氣怒罵道：「我呸！本帥有百萬雄兵，千名良將。我軍兵多糧足，戰士勇猛善戰。你快去把元軍狗帥的腦袋送來才是！」使者聽得一驚一乍，早已魂飛魄散，回去後他驚恐地向元軍主帥稟告說起義軍人馬眾多，氣勢旺盛。元軍主帥認為不可硬拼，第二天就領兵撤退了。

保衛滁州這一戰，朱元璋施以虛張聲勢之計，最終讓兵力強大的元軍撤退。他這一計策，可以說用得很險，因為稍有「穿幫」鏡頭就會讓使臣看出起義軍的虛實，進而將滁州城置於危險之中。所以，從元軍使臣進入城門開始，朱元璋的軍隊就開始了表演。把使臣壓倒在地，是為了不讓使臣看清城內的兵力，讓士兵莊嚴列陣是為了讓使臣誤以為起義軍氣勢十足，而朱元璋拍案而起的怒罵是為了進一步彰顯起義軍的威力。在形勢危急的情況下，朱元璋「靜以幽，正以治」，帶微弱之軍表演成威猛之師。元軍使臣被所見所聞嚇得不知對方虛實，朱元璋得以蒙蔽了敵軍，「使之無知」而退兵。

置之死地而後生

【原文】

凡爲客之道：深則專，淺則散。去國越境而師者，絕地也；四達者，衢地也；入深者，重地也；入淺者，輕地也；背固前隘者，圍地也；無所往❶者，死地也。是故散地，吾將一❷其志；輕地，吾將使之屬；爭地，吾將趨其後；交地，吾將謹其守；衢地，吾將固其結❸；重地，吾將繼其食❹，圮地，吾將進其塗❺；圍地，吾將塞其闕❻；死地，吾將示之以不活❼。故兵之情：圍則禦，不得已則鬥，過則從❽。

❶無所往：無路可走。
❷一：統一。
❸固其結：鞏固與其他諸侯的結盟關係。
❹繼其食：保證軍糧供應。
❺進其塗：「塗」同「途」。迅速通過所經之地。

【譯文】

在敵國境內作戰的原則是：我軍深入敵境，則士兵齊心，軍心穩固。如果軍隊距離敵境較遠，士兵鬆懈就容易軍心渙散。作戰之地在敵人境內的稱為絕地；作戰之地是四通八達的地區叫做衢地；作戰之地在敵人境地中心的叫作重地；作戰之地遠離敵人境地的叫作輕地；軍隊前路狹窄難行背後又有險阻的地區叫圍地；軍隊無路可走的地區就是死地。在士兵容易鬆懈的散地，要統一軍隊意志；在遠離敵境的輕地，要把自己軍隊營陣緊密相連；在對雙方都有利的爭地，就要爭取能夠抄襲敵人的後方；在多國領土的交地，就要謹慎防守；在衢地，就要維持與列國的友好關係；入重地，就要設法保障軍糧供應充足；在圮地，就必須迅速行軍；將敵軍陷於圍地，就要堵塞其缺口；到了死地，就要讓全軍具有死戰的決心。以上原則是根據士卒的心理特點而定：人一旦陷入包圍就會竭力抵抗，被逼無奈就會拼死戰鬥，身處絕境就會聽從指揮。

【歷史再現】

項羽破釜沉舟

秦朝末年，各路英雄起兵反秦。在各路起義軍中，又以項梁為首的楚軍力量最為強大。

不久，項梁在與秦將章邯交戰時犧牲，他的侄子項羽接管了楚軍。秦將章邯打敗楚軍後，轉攻另一路起義軍趙軍。西元前二〇七年，秦軍圍困趙王歇❾於鉅鹿城（在今河北省平鄉縣）內，趙王歇遣使者向各路起義軍救援。

接到趙王的求援請求後，楚懷王原本啟用宋義為上將軍，讓項羽做副將，令他們帶五萬兵馬救趙。圍困鉅鹿的秦軍有二十多萬人，秦軍兵馬眾多，到達鉅鹿的起義軍都不敢發兵攻秦，宋義也持觀望的態度。楚軍到達安陽駐紮後，「觀望」了一個月，項羽忍無可忍，以叛臣罪名殺死宋義，奪得了指揮大權。十二月，項羽揮師前進，準備全力與秦軍決戰。

楚軍抵達漳水南岸後，項羽先派部將黥布、蒲將軍二人率二萬人為前鋒援救鉅鹿。黥布帶兵多次切斷秦軍的運糧通道，阻斷秦軍後方章邯部與前方王離部的聯繫。黥布取得幾次勝利後，項羽乘勢率領全軍渡過漳河。出發前，他命令全軍沉掉所有船隻，砸爛所有盛飯盛水的鍋碗瓢盆，又燒毀了全部營寨，讓每人只帶上三天乾糧。楚軍士兵個個決心以死奮戰，不

---

❻塞其闕：「闕」同「缺」，指缺口。堵塞缺口。
❼示之以不活：展示（如果不戰勝敵人則）必死的結果（以求生）。
❽過則從：陷入困境，士卒無不聽從。
❾【趙王歇】名趙歇，戰國時期原趙國的貴族。西元前二〇八年被起義將領陳餘、張耳立爲趙王。

渡過漳河後，項羽身先士卒，一馬當先，一連斬殺秦兵數人。

勝不歸。

渡過漳河後，項羽身先士卒，一馬當先，一連斬殺秦兵數人。楚軍士兵被他的氣勢鼓舞，也都振奮鬥志，奮力殺敵。三個回合下來，秦軍三戰三退。第二日，楚軍再次出戰。出站前，項羽對士兵們說：「今日之戰，我們一定要全力拼殺爭取勝利。我們已經沒有糧食了，今日若不能勝，只能全軍覆滅。勝敗生死就看今天了！」楚兵聞言，無不慷慨激昂。再次交戰時，楚軍人人奮勇爭先，以一當十。楚軍呼聲震天動地，秦軍即使有數倍兵力也被震懾。

楚軍越戰越勇，圍觀的起義軍無不為之震撼。經過多次激烈戰鬥，楚軍擊潰了秦軍主力。章邯見勢不妙，打算引兵撤退。這個時候，其他起義軍才敢發兵攻擊秦軍。楚軍乘勢追殺秦軍，俘獲了王離，攻破了鉅鹿，救出了趙王歇。秦將章邯投降了項羽，鉅鹿之圍瓦解。

鉅鹿之戰，項羽破釜沉舟，讓戰士們置於「死地」而後生。項羽這一策略正應對了孫子所說的士兵心理特點：「故兵之情：圍則禦，不得已則鬥，過則從。」——人一旦陷入包圍就會竭力抵抗，被逼無奈就會拼死戰鬥，身處絕境就會聽從指揮。所以說，在形勢所逼之時，一軍將領應鎮定從容，進而讓使士兵具有「示之以不活」的鬥志。

觀察諸侯意圖，謹慎結盟

【原文】

是故不知諸侯之謀者，不能豫交❶；不知山林、險阻、沮澤之形者，不能行軍；不用鄉導❷，不能得地利。四五者❸，一不知❹，非霸、王之兵也。夫霸、王之兵，伐大國，則其眾不得聚；威加於敵，則其交不得合。是故不爭天下之交，不養天下之權，信己之私❺，威加於敵，則其城可拔，其國可隳❻。

施無法之賞，懸無政之令❼。犯❽三軍之眾，若使一人。犯之以事，勿告以言；犯之以利，勿告以害❾。投之亡地然後存，陷之死地然後生。夫眾陷於害，然後能為勝敗。故為兵之事，在於順詳❿敵之意，并敵一向⓫，千里殺將，是謂巧能成事也。

是故政舉之日，夷關折符⓬，無通其使，厲於廊廟之上⓭，以誅其事⓮。敵人開闔⓯，必亟入之⓰。先其所愛，微與之期⓱。踐墨隨敵⓲，以決戰事。是故始如處女，敵人開戶；後如脫兔，敵不及拒。

❶豫交：結交。
❷鄉導：當地熟悉地形的人。
❸四五者：四加五爲九，指九種地勢。
❹一不知：有一種情況不知道。
❺信己之私：信，通「伸」，伸展、倚靠。倚靠自己的力量。
❻其國可隳：隳同「毀」，敵國可以摧毀。
❼施無法之賞，懸無政之令：按常理來獎賞士兵或發布命令。
❽犯：驅使，指揮。
❾犯之以事，勿告以言；犯之以利，勿告以害：使士卒作戰，不必解釋意圖；使士卒知利不知害，以消除他們的疑慮。
❿順詳：順，理順，指考察弄清。詳，敵人的詳情。
⓫并敵一向：集中兵力攻打敵人某一處。
⓬夷關折符：封鎖關卡，廢通行證。
⓭厲於廊廟之上：於廟堂商討軍事策略。
⓮以誅其事：誅治，研究。商討策略。
⓯敵人開闔：闔，門扇。指敵發有可乘之機。
⓰必亟入之：乘機而入。
⓱微與之期：不讓敵人知道交戰日期。
⓲踐墨隨敵：不墨守成規，而根據敵情變化而行事。

【譯文】

想成為稱霸一方的軍隊，就要提早了解各諸侯國的戰略方針，不能輕易締結盟約；行軍時要調查清楚路線上山林澤地等地理條件，同時讓熟悉情況的人作嚮導，以取得地形上的優勢。以上九種地形的處軍原則，不知道任何一種，都不能稱得上霸王之師。王者之師在進攻大國時會讓敵國來不及動員軍民進行戒備，它的威名足以能讓敵方的同盟無法策應配合。所以擁有稱霸條件的國家不用籠絡諸國建立同盟，也不用暗地在其他國家內部安插自己的內應，只要把自己的戰略意圖貫徹到底，將軍威立於敵軍之上，就能攻城拔寨，戰無不勝。

將領帶兵，獎罰分明，同時要適時施行不同於平常的獎賞，頒布不一樣的號令，這樣就可以考察部隊是否完全服從於自己。等到指揮全軍如同指揮一個人一樣時，將領下達命令布置任務時就可以隱藏行動意圖，只告訴士兵們行動的好處，卻不說明可能發生的危險。也就是將部隊置之死地而後生。讓軍隊陷入絕地，激勵士兵反擊才能取得勝利。所以指揮戰爭的關鍵在於仔細揣摩破解敵人的戰略方針，攻打敵人就要集中兵力打擊敵人的某一點，千里奔襲斬殺敵將。這就是靈活用兵，克敵制勝的方法。

因此，在制定戰爭策略的時候，一定要廢止使用通關令符，完全封閉關口，不能讓敵國的使者互相往來；要在廟堂裡再三謀劃，做出戰略決策。敵人如果出現紕漏，馬上趁機而入。先佔領有利位置，奪取重要戰略地點，盡量不要和敵人約定戰鬥時間，要對敵人情況隨機應變，適時更改作戰行動。所以在戰鬥開始前一定要穩定自己的軍隊，使軍隊「靜如處子」而讓敵人放鬆警戒；戰鬥開始後就要「動如脫兔」，像離弦之箭一樣迅速出動，讓敵人措手不及，無法應對。

【歷史再現】

楚懷王受騙失國土

西元前三一三年，秦國想攻打齊國，但又畏懼齊國的盟國楚國會出兵聯合齊軍攻打自己。為了瓦解齊楚聯盟，秦惠王⑲揚言罷免張儀的宰相職位，暗中派他去楚國說服楚懷王斷絕與齊國的結盟關係。

楚懷王知道張儀頗有謀略，早就想聘他為己用，如今見他主動前來，大為歡喜。張儀對楚懷王奉承了一番，說自己寧願做看門的小廝也期待侍奉楚國。楚懷王聽後十分高興。張儀又說：「我最討厭齊王了，可是大王您卻與他交好，看來我不能做您看門的小廝了。如果大

⑲【秦惠王】又稱秦惠文君，秦孝公之子，西元前三三七年～西元前三一一年在位。秦孝公時施行商鞅變法，秦惠王即位後車裂商鞅。

王有心任用我，就請與齊國斷交，改與秦國結盟。您這麼做，我也會報答您，替您向秦國索回被奪去的商於六百里土地。這樣，楚國就可以削弱北方的齊國，同時與強秦結盟，還能收回土地，豈不是三全其美？」楚王當即封張儀為楚國丞相，並設宴招待他。兩人約好等待張儀返秦時，楚王再派人跟隨同去要回商於。

群臣都向楚王祝賀，唯獨陳軫表示擔憂。楚王問他原因，陳軫說：「秦王與你結交，是因為您與齊王友好，他想破壞我國與齊國的關係。如果您還未獲得商於之地就先與齊國斷交，這中了秦國孤立楚國的計策。到時，楚國勢單力薄，秦國又何必看重我國、還給我國土地呢？我們不如假意與齊斷交，等秦國歸還土地後我們真正斷交也不遲。如果不這樣，您肯定被張儀欺騙，到時您怨恨張儀而與秦國結怨，北方又失去了齊國的友好，那麼我國周邊的韓、魏兩國就該攻打過來了。」楚王非但不聽陳軫的勸諫，還派人到北邊邊境上辱罵齊王，想向張儀表明自己與齊國確實已經斷交。

張儀看見楚王上當，就返回了秦國。回到秦國後他假裝從馬車上摔下來，然後謊稱有病不見客。得知齊楚確實已經絕交後，他才接見了跟隨自己返回秦國接收土地的楚國使臣。楚臣向他索要商於六百里土地。張儀說：「秦王給我的六里封地，我現在願把它獻給楚王。」楚臣說：「楚王派我來接收商於六百里土地，不是六里。」張儀堅持自己承諾的是六里。楚臣返回將張儀的話稟告楚王，楚王這才知道自己被秦國騙了。

楚懷王知道張儀頗有謀略，早就想聘他為己用，如今見他主動前來，大為歡喜。

楚王想發兵攻打秦國，陳軫又勸阻他，說：「現在這個時候與其攻打秦國，不如聯合秦國攻打齊國，從齊國奪回土地補償損失。否則，你兩面都得罪，齊秦要是聯合攻打我國就後患無窮了。」楚王仍不聽，執意對秦發兵。

西元前三一二春天，楚軍進攻秦國。秦國與齊國聯合反擊楚軍，在丹陽大敗楚軍。楚軍損失慘重，八萬士兵被殺，將軍屈匄（ㄍㄞˋ）、偏將軍逢侯丑等七十多將領陣亡，楚國丹陽、漢中的各郡縣又被秦國攻佔。楚王震怒，發動更多兵力攻打秦國，結果又在藍田被打敗。韓國、魏國看見楚國受困，就南下襲擊楚國，一直打到鄧。楚王多面受敵，不得已只得割讓兩座城池向秦國求和，然後回軍反擊韓、魏軍隊。

楚懷王大意結交盟友，最終得不償失。

第十二篇 火攻篇

火攻戰效果顯明，應擇勢而用

【原文】

孫子曰：凡火攻有五：一曰火人[1]，二曰火積[2]，三曰火輜[3]，四曰火庫[4]，五曰火隊[5]。行火[6]必有因[7]，煙火必素具[8]。發火有時，起火有日。時者，天之燥也。日者，月在箕、壁、翼、軫[9]也。凡此四宿者，風起之日也。

凡火攻，必因五火之變而應之[10]：火發於內[11]，則早應之於外[12]。火發而其兵靜者，待而勿攻，極其火力[13]，可從而從之[14]，不可從而止。火可發於外，無待於內[15]，以時發之[16]。火發上風，無攻下風。晝風久，夜風止。凡軍必知五火之變，以數守之[17]。故以火佐攻者明[18]，以水佐攻者強。水可以絕，不可以奪[19]。

夫戰勝攻取而不修其功者凶[20]，命曰「費留[21]」。故曰：明主慮之，良將愼之。非利不動，非得不用[22]，非危不戰。主不可以怒而興師，將不可以慍而攻戰。合於利而動，不合於利而止。怒可以復喜，慍可以復説，亡國不可以復存，死者不可以複生。故明君愼之，良將

警之。此安國全軍之道也。

❶火人：火，作動詞，燒。人，敵方人馬。
❷火積：焚燒敵軍積聚的糧草。
❸輜：燒毀輜重。
❹庫：物資倉庫。
❺火隊：隊，同「隧」，通道。意指焚燒敵軍前後方的聯繫通道。
❻行火：實施火攻。
❼因：一定條件。
❽煙火必素具：煙火，火攻所用奇才。必素具，一定都要具備。
❾箕、壁、翼、軫：二十八星宿中的四個。古代天文觀測者認爲月亮經過這四個星宿經常會起風。
❿必因五火之變而應之：五火，五種火攻方式。一定要根據上述五種火攻引起的敵情變化靈活應變。
⓫火發於內：從敵人內部放火。
⓬應之於外：派兵在其外策應。
⓭極其火力：火力極旺時。
⓮可從而從之：從，進攻。能進攻就進攻。
⓯無待於內：不必等待內應。
⓰以時發之：時機適當即可火攻。
⓱以數守之：數，氣象變化及其他因素綜合而成的火攻時機。意指等待火攻的有利時機。

【譯文】

孫子說：火攻共有五種，一為火燒敵軍人馬，二為焚燒敵軍糧草，三為燒毀敵軍輜重，四為焚燒敵軍倉庫，五為燒毀敵人的運輸通道。實施火攻必須具備一定條件，包括天氣、地理等，火攻器材也應準備充分。選好火攻的日子，放火前要看准天時。好天時是指氣候乾燥的日子，也就是月亮行經「箕」「壁」「翼」「軫」四個星宿位置的時候。因為月亮經過這四個星宿之時通常會起風。

凡用火攻，必須根據五種不同火攻所引起的敵情變化而靈活部署，應變敵人。在敵營內部放火，就要及時派兵從外面策應。敵營已經著火但敵軍士兵依然保持冷靜的，不應立即發起進攻，而應暫時等待。等到火勢最旺時，再根據敵情情況做出決定，如果可以進攻就進攻，不可以進攻就應該終止原計劃。在敵營外面放火，不用等待內應，只要時機成熟就可以進行火攻。要謹記：從上風放火時，自己的軍隊不要從下風進攻。另外注意的是通常白天颳風很久的話，晚上就不會有風。這些情況，將領都必須掌握，這樣才能靈活掌握五種火攻戰術，等待有利的火攻條件進行火攻。用火輔助軍隊進攻，其效果顯著；用水輔助軍隊進攻，攻勢必能加強。火攻不同於水攻，水可以把敵軍分割隔絕，卻不能焚毀敵人的軍需物資。

凡戰勝敵人，攻取了土地，而不能鞏固戰果的，會很危險，這種情況叫做「戰果流失」。所以說，用兵打仗不是兒戲，明智的國君和賢良的將帥要嚴肅地對待這個問題。發動戰爭卻不會獲得好處，那就不要發動戰爭。沒有取勝的把握就不要出兵，不到危急關頭最好不要開戰。國君更不可因一時憤怒而發動戰爭，將帥不可因一時怨憤而輕率出戰。總之，對國家有利才用兵，對國家無利就應停止戰爭。戰敗的後果嚴重，不可以彌補。憤怒可以轉變為歡喜，氣憤也可以轉變為高興，但是國家一旦滅亡就不復存在，人死不能復生。所以，對待戰爭，國君和將領一定要慎而再慎，這是安定國家，保存軍隊的基本原則。

【歷史再現】

周瑜火燒赤壁

建安十三年（二〇八年），基本統一了北方的曹操為除心腹大患劉備，揮師南下。在長

---

⑱以火佐攻者明：火攻做戰爭的輔佐戰術，其效果鮮明。

⑲水可以絕，不可以奪：水可斷絕敵人道路，不能毀滅敵軍。

⑳戰勝攻取而不修其功者凶：打了勝仗，攻取了敵人的城池卻不能鞏固戰果，那是很危險的。

㉑費留：費，浪費。留，通流。指戰果流失。

㉒非得不用：得，取勝。沒有勝算就不隨意用兵。

曹軍戰船首尾相接，動彈不得，火勢很快蔓延至整個船陣……

阪坡[23]受阻後，曹操轉攻長江的要塞江陵。取得江陵後，他繼續率大軍追擊逃往長江東岸夏口的劉備。

諸葛亮見曹軍東下追擊，勸劉備與東吳孫權結盟抗曹。劉備命諸葛亮去往柴桑（今江西九江市西南）勸說孫權。孫權本不敢與曹操對抗，在大都督周瑜與親信魯肅的極力勸說下，終於同意與劉備聯手抗曹。

周瑜率吳軍與劉備軍會合後逆江而上，到赤壁時正遇上渡江的曹軍。曹軍軍中疫病暴發，士兵虛弱，加上其內部南北水軍之間配合生疏，因此在第一戰中敗下陣來。曹操把船隊退回長江北岸烏林附近，加緊操練，等待時機。周瑜和劉備的聯軍在南岸赤壁一側和曹軍隔江相對。

曹軍絕大部分士兵都來自北方，不通水性，更不習慣坐船，曹操下令用鏈繩將戰船連接起來，搭建木板讓人馬在船上也像在陸地上一樣行動。周瑜部將黃蓋[24]見曹軍如此備戰，心生一計，對周瑜說：「曹軍兵力要多於我們，打持久戰對我們不利。我發現曹軍將戰船都連

---

[23]【長阪坡】地點在荊州當陽附近。劉備被曹操追擊時令張飛率領二十名騎兵掩後，張飛有效地阻攔了曹軍。長阪坡之戰後，劉備聯合孫權共抗曹操。

[24]【黃蓋】字公覆，漢末三國江東名將，歷仕孫堅、孫策、孫權三任君主。官至偏將軍、武陵太守。

接起來，不如放火燒船逼退他們。」

於是周瑜令黃蓋準備了十餘艘輕便的小船，裡面放滿了稻草，然後澆上黃油，在船艙外面鋪上紅色的布，插上幡旗，帶上很少士兵，乘著東南風就向曹軍前進。黃蓋手舉火把，讓士兵高喊：「投降！投降！」曹軍聽聞黃蓋前來投降，紛紛向江中張望，他們只顧對黃蓋指指點點，毫不防備。馬上要到曹軍船陣前的時候，黃蓋下令引燃稻草。十餘艘小船同時燃起大火，藉風勢衝向曹軍戰船。曹軍戰船首尾相接，動彈不得，火勢很快蔓延至整個船陣，殃及岸上軍營。船上曹軍士兵被燒死、溺死不計其數。在對岸伺機待發的聯軍趁機橫渡長江，大敗曹軍。曹操率敗軍沿華容道退回江陵。

赤壁之戰，曹操為考慮軍情，將分散的戰船連接成一個整體，失去了獨立性和機動性。周瑜抓住這一敵情，靈活應變，讓敵人之弱點為我方之優勢，變水戰為火攻。這次火攻在具備天時地利的情況下，不僅超出在陸地火攻的效果，而且還徹底摧毀了曹軍渡江的行進工具。致使曹操有生之年都沒有再次大規模進攻南方。

間諜是取勝的關鍵

【原文】

孫子曰：凡興師十萬，出征千里，百姓之費，公家之奉，日費千金。內外騷動，怠於道路，不得操事者，七十萬家❶。相守數年，以爭一日之勝，而愛爵祿百金❷，不知敵之情者，不仁之至也，非民之將也，非主之佐也，非勝之主也。

故明君賢將，所以動而勝人❸，成功出於眾者，先知也。先知者，不可取於鬼神，不可象於事❹，不可驗於度❺，必取於人，知敵之情者也。

❶不得操事者，七十萬家：操事，從事耕作。古代戰爭，一家出兵則需七家來承擔軍賦、徭役，所以十萬之師需七十萬家來承擔軍賦，也就是有七十萬住戶無法從事農事。

❷愛爵祿百金：愛，吝嗇。爵祿，官爵俸祿。百金，指錢財。

❸動而勝人：動，出兵作戰。指戰而得勝。

❹不可象於事：象，相似。指用兵打仗不可以用過去的經驗來比較當前的情況。

故用間有五：有鄉間，有內間，有反間，有死間，有生間。五間俱起[6]，莫知其道[7]，是謂神紀[8]，人君之寶也。鄉間者，因其鄉人而用之；內間者，因其官人[9]而用之；反間者，因其敵間而用之；死間者，爲誑事於外[10]，令吾間知之而傳於敵間[11]也；生間者，反報[12]也。

故三軍之事，莫親於間，賞莫厚於間，事莫密於間。非聖賢不能用間，非仁義不能使間，非微妙不能得間之實[13]。微哉微哉！無所不用間也。間事未發而先聞者，間與所告者皆死。凡軍之所欲擊，城之所欲攻，人之所欲殺，必先知其守將、左右、謁者、門者、舍人之姓名，令吾間必索知之。

必索敵人之間來間我者[14]，因而利之，導而舍之[15]，故反間可得而用也；因是而知之[16]，故鄉間、內間可得而使也；因是而知之，故死間爲誑事，可使告敵；因是而知之，故生間可使如期。五間之事，主必知之，知之必在於反間，故反間不可不厚也。

昔殷之興也，伊摯在夏；周之興也，呂牙在殷。故惟明君賢將能以上智爲間者，必成大功。此兵之要，三軍之所恃而動也。

【譯文】

孫子說：凡興兵十萬，征戰千里，每天都要花費千金，勞民傷財。從民中徵兵，使得戍卒勤苦奔波，又使得無法從事農業耕作的住戶有七十萬家，導致前後方動亂不安。這樣與敵軍相持數年，就是為了勝利的一天。如此興師動眾，耗損國民，如果國君或將領吝惜爵祿金錢，不肯花費錢財重用間諜，以致因為不能掌握敵情而導致失敗，那就是不仁不義到極點了。這種人不配做軍隊的統帥，稱不上國家的輔佐，更不能成為勝利的主宰。

所以，明君和賢將之所以一出兵就能戰勝敵人，建立卓越的功業，是因為他們能夠預先掌握敵情。要事先掌握敵情，不可求神問鬼，也不能以過去相似的經驗來推測戰爭，或用日月星辰運行的位置去驗證吉凶禍福。要想掌握敵情，一定要從那些熟悉敵情的人口中獲取。

---

❺驗於度：驗，驗證。度，日月星辰的位置。（作戰的凶吉）不可以用日月星辰所處的位置來驗證。
❻五間俱起：起，使用。五種間諜並用。
❼莫知其道：沒有人知道其中的奧妙。
❽神紀：神秘莫測的戰術。紀，綱紀，道理，引申爲戰術。
❾官人：地方的官吏。
❿爲誑事於外：誑，欺騙。事，情況。意指向外傳播虛假情報，欺騙敵人。
⓫令吾間知之而傳於敵間：讓我方間諜了解所需要傳達的假情報然後傳給對方間諜。
⓬反報：反，同「返」。返回來報告情況。
⓭非微妙不能得間之實：不用精心巧妙的手段就不能獲取間諜的眞實情報。
⓮必索敵人之間來間我者：一定要搜出敵人派來打探我方情報的間諜。
⓯導而舍之：設法誘導他，以厚禮相待。
⓰因是而知之：（已經反敵人間諜爲我所用）因此得以知道敵方情況。

間諜的運用有五種，即鄉間、內間、反間、死間、生間。五種間諜同時啟用，就能使敵人無從探測我用間的謀略，這就是使用間諜的最高明方法，也是制勝的奧妙。所謂鄉間，是指利用敵人的同鄉做間諜；所謂內間，就是利用敵方官吏做間諜；所謂反間，就是使敵方間諜為我所用；所謂死間，向敵人製造散布假情報，誘騙敵人的間諜，這種間諜在身分暴露後通常難免一死；所謂生間，就是偵察敵情後能活著回來報告敵情的人。

間諜直接掌握敵我雙方的情報，所以在軍隊中，沒有比間諜更親近，也沒有比間諜更應優厚獎賞的人。任何事情，也沒有比間諜所知道的更為秘密。但間諜並非人人能用。不是睿智超群的人不能使用間諜，不仁慈慷慨不能指使間諜，不善於謀劃、體察細微之處的人不能得到間諜提供的真實情報。微妙啊，微妙！間諜非人人可用，卻又無時無處都能使用間諜。作為間諜的人應該注意：如果工作還未開展就暴露身份或洩露軍情的，那麼間諜和了解內情的人都要處死。作為將領的人要注意：凡攻城殺敵，都須預先了解其主管將領、左右親信、負責傳達的官員、守門官吏和門客幕僚的姓名。而這些情報都應下令我方間諜去偵察清楚。

鑑於間諜在戰爭中的重要性，一軍將領一定要搜查出敵方派來偵察我方軍情的間諜，並用重金收買他，引誘開導他，然後再放他回去。這就是反間計。反間為我所用之後，我方就可以掌握敵情，進而鄉間、內間也就可以利用起來了，死間也可以傳播假情報給敵人了，我方的生間也得以按預定時間返回報告敵情。五種間諜的使用戰術，國君都必須了解掌握，特別要了解反間的使用。反間是戰爭中所有間諜的重中之重，所以對反間不可不給予優厚的待遇。

從前殷商的興起，在於重用了熟悉並了解夏朝的伊摯；周朝的興起，是由於周武王重用了解商朝情況的呂牙。可見明智的國君、賢能的將帥，都能用智慧高超的人充當間諜，從而建立功業。整個軍隊都要依靠間諜提供的敵情來決定軍事行動，因此間諜的使用是用兵的關鍵。

【歷史再現】

趙奢解閼與之圍

西元前二八一年，秦國攻打趙國，趙國接連戰敗，只好割地求和，並讓趙公子到秦國做人質。秦國應允。然而不久之後趙國又反悔，秦國藉此再次進攻趙國。

西元前二六九年，秦軍攻佔趙國閼與（今河北邯鄲武安一側），趙惠文王派趙奢領軍前往迎戰。秦軍派出一支分部進駐武安（今河北邯鄲武安另一側），打算等趙奢軍隊到達閼與時對趙軍進行前後夾擊。趙奢得知了這個軍情，率軍從邯鄲城出發三十里後停止前進，就地駐紮，做出不再進軍的姿態。趙軍按兵不動，防守了三個月。駐守武安的秦軍主帥為了解情況，派出間諜進入趙軍內部。趙奢看穿了來者是敵人派來打探消息的奸細，但沒有揭穿他也沒有殺他，反而厚待他，讓他吃好喝好。秦軍間諜在趙軍營中逗留多日後，認為已經掌握了趙軍的情報，便悄悄逃回了秦軍營內。

回到秦營後，間諜向其主帥稟告說趙軍確實沒有進攻閼與的打算。秦軍主帥非常高興，認為趙軍已經放棄了閼與，就放鬆了戒備。秦軍間諜逃走後，趙奢馬上集結軍隊向閼與急速前進，僅僅兩天一夜就到達離閼與相距五十里的地方。這時遠在武安的秦軍得到趙軍已經到達閼與的消息，才發覺上了當，連忙調集軍隊向閼與進軍。趙軍先敵人到達戰地，早已佔領了北山的制高點，獲得了優越的地理優勢。等秦軍一到，趙奢即令居高臨下的趙軍士兵俯擊山下的秦軍，結果大敗秦軍，繼而又攻打閼與的敵軍，解除了閼與之圍。

趙奢連守三個月，令士兵不得輕舉妄動，其本意就是想讓秦軍放鬆警惕。秦軍派出間諜，是想確認趙軍是否果真只堅守不攻。趙奢知道這一點後，將計就計，在間諜面前演出我軍只守不攻的姿態，然後又反用敵軍間諜，使其回去傳達「情報」。趙奢使用反間計，秦軍陷入計中，根本沒想到趙軍會突然夜行不止進軍閼與。由此，趙軍獲得了寶貴的行軍時間，抓住了地理優勢，大破秦軍。可見孫子所說是對的，反間是使用間諜的重中之重。

三十六計

原序

【原文】

用兵如孫子，策謀三十六。六六三十六，數中有術，術中有數[1]。陰陽燮理，機在其中[2]。機不可設[3]，設則不中。

【譯文】

用兵應該像孫子一樣，有三十六種計謀。六六三十六，「數」中有「術」，「術」中有「數」。如果陰陽調和，那麼機變就在其中。機變不能事先設計，刻意設計往往就不能達成。

---

❶數中有術，術中有數：數，指氣數、命數、客觀規律。術，指權術、計謀、主觀策略。

❷陰陽燮（ㄒㄧㄝˋ）理，機在其中：陰陽，指作戰中對立變化的種種因素。燮，調和，諧和。機，指機變。此句意爲，只要陰陽和諧，機變就在其中。

❸設：指事先設計。

第一計　瞞天過海

【原文】

備周則意怠❶，常見則不疑。陰❷在陽❸之內，不在陽之對❹。太陽，太陰❺。

【譯文】

防備十分周密時，很容易放鬆警惕。平時看慣的事情，就不會再去懷疑。秘密往往隱藏在公開的事情當中，並且不和公開的事情相衝突。非常公開的事情，所隱藏的秘密也非常多。

❶備周則意怠：對事情防備越周密，心中的鬥志越鬆懈。
❷陰：秘密的。
❸陽：公開的，暴露。
❹陰在陽之內，不在陽之對：秘密往往隱藏在公開的事情當中，不和公開的事情相衝突。
❺太陽，太陰：非常公開的事物，所隱藏的秘密也非常多。太：非常。

【歷史再現】

太史慈突圍求援

東漢末年的時候，發生了黃巾之亂❻。當時，北海太守孔融因為黃巾軍的叛亂，出兵駐守在都昌城內，卻被黃巾軍圍困。

這時，恰好太史慈從遼東回來看望自己的母親。太史慈是青州東萊人，弓馬嫻熟，武藝高強。早年間因為得罪了州刺史，離開家前往遼東避難。當時，太史慈的母親就住在孔融的治下，孔融很仰慕太史慈的名聲，便多次派人給太史慈的母親送錢送糧。太史慈回來後，他的母親對他說：「孔融和你素不相識，但是你不在家的時候，孔融卻經常幫助我。如今他被黃巾軍圍困，你一定要去救他。」於是太史慈來到了都昌城。

太史慈來到都昌城後，本想向孔融借兵出城與黃巾軍決戰，但是孔融不准。孔融一心想找人出去求援，但他的手下無人敢去，於是太史慈便接下了這個任務。太史慈心想：「城外賊兵眾多，強行突圍一定會受到阻攔，恐怕很難成功。」於是他便想了一條計策。他讓兩名士兵抬著靶子跟在他身後，自己則背著弓箭，騎著馬大搖大擺地打開城門，走了出去。黃巾士兵非常吃驚，以為他要強行突圍，紛紛做好了戰鬥準備。可是沒想到，太史慈只是到城外練習射箭，練完射箭就回到城裡休息，根本就沒有強行突圍。第二天，他又出城練習射箭，然後回城休息。這時，已經有一部分黃巾士兵不去注意太史慈了。之後天天如此。一段時間後，再也沒有黃巾士兵去理會太史慈了。

其實太史慈並沒有忘記自己的使命，他在等待機會。當他發現沒有黃巾士兵關注他的時候，他知道突圍的機會來了。於是他收拾東西，像往常一樣來到城外，趁著沒人注意，突然快馬加鞭衝了出去。黃巾士兵反應過來後連忙去追趕，但是太史慈箭法高超，射死了幾個黃巾士兵後，就再也沒有人敢追他了。

太史慈出城求援本來是公開的事情，但是他卻並沒有用公開的方法直接衝出去。而是每天出城練箭，利用人對常見事情產生的懈怠心理，使得黃巾士兵「常見則不疑」，不再防備他，此時他才衝出去完成求援的任務。用公開的假象麻痹敵人，等敵人放鬆警惕，然後出其不意地去實現自己隱藏的真正目的，這正是「瞞天過海」的精髓所在。

❻【黃巾之亂】東漢晚期由張角領導、以宗教爲形式組織的民變。開始於一八四年，口號是「蒼天已死，黃天當立，歲在甲子，天下大吉」。

第二計　圍魏救趙

【原文】

共敵[1]不如分敵[2]，敵[3]陽不如敵陰[4]。

【譯文】

攻打集中的敵人，不如攻打分散的敵人，光明正大地攻打敵人，不如秘密地攻打敵人。

❶共敵：集中的敵人。
❷分敵：分散的敵人。
❸敵：動詞，這裡指攻打的意思。
❹敵陽不如敵陰：公開地攻打敵人不如秘密地攻打敵人。

【歷史再現】

李秀成解天京之圍

西元一八六〇年，清政府派江寧將軍和春率領數十萬人馬包圍了太平天國❺的首都天京❻。此時的太平天國，由於內訌的加劇，實力早已大不如前了。為了解天京之圍，天王洪秀全召集手下討論對策。可是圍城清軍眾多，諸將都沒有什麼好辦法。

這時，忠王李秀成獻計說：「清軍有數十萬人馬，我們不能硬拼，否則會死傷慘重。請天王讓我帶兩萬人馬趁夜突圍，偷襲清軍的屯糧之地杭州，吸引敵人分兵。然後和天王裡外夾擊剩下的敵人，一定可以解除清軍對天京的包圍。」這一計策得到了諸位將領的贊同，翼王石達開也表示願意協助李秀成作戰。

李秀成和石達開分別率領部隊，在大年初二晚上，趁著清軍防備有所鬆懈的時候突圍了出去。清軍以為突圍出去的只是小股部隊，沒有理睬，也沒有追擊。

---

❺【太平天國】洪秀全領導農民起義後創建的政權。

❻【天京】太平天國的都城，即今南京。

杭州作為清軍的屯糧之地，城內守軍有一萬多人。李秀成突圍成功後，率部直奔杭州城下，緊急攻城。但杭州的清軍只是堅守不出，一時難以被攻下。久攻不下，李秀成焦急萬分。三日後，李秀成依然沒有拿下杭州。這時，突然下起大雨。守城的清軍因連日來守城的勞累，又見太平軍沒有多大威脅，就紛紛躲進城堡裡去休息了。

李秀成得知這一情況後，心想機會來了。當天夜裡，他派了一千多名士兵，趁清軍不備，用雲梯爬上了城牆，從裡面打開了城門。李秀成率部順勢殺入城內，佔領了杭州。為了吸引圍困天京的清軍回杭州救援，他下令放火燒了清軍的糧倉。

清軍統帥和春得知軍糧被燒後，果然分兵了，他派副將帶領大半人馬火速去救援杭州。洪秀全見清軍分兵救援杭州，趕緊下令全線出擊。此時早已突圍出去的李秀成和石達開也迅速回軍，並繞過救援杭州的清軍，趕回天京與洪秀全內外夾擊清軍。

此時清軍主力去救援杭州，剩下的清軍陣腳大亂，被太平天國打得大敗。這次戰鬥，不但解除了天京之圍，還使得清軍短期內無力再攻打太平天國。

「圍魏救趙」本就是一種戰略，核心思想就是避實就虛。清軍主力在圍攻天京城，而重要的存糧之地杭州卻只有一萬人馬。李秀成突圍出天京城後，沒有急於與洪秀全夾擊圍城的清軍主力，而是去攻打清軍防衛不是很強的杭州城，斷了清軍後路，迫使清軍分兵。然後出其不意地轉身夾擊剩餘圍城的清軍，才順利解了天京之圍。

第三計　借刀殺人

【原文】

敵已明，友未定[1]，引友殺敵，不自出力，以《損》[2]推演。

【譯文】

敵人已經明確，但是盟友的態度還不明朗，要引導盟友去消滅自己的敵人，自己不用付出任何代價，這是根據《損卦》推演出來的。

---

❶友未定：盟友或第三方勢力的態度並不明朗。友，朋友，這裡指軍事上的盟友或敵我雙方之外的第三方勢力。

❷《損》：出自《易經・損卦》。與《益卦》相對。損下益上，對自己有利。

【歷史再現】

宋太祖借畫除敵

宋太祖趙匡胤建立宋朝後，通過「杯酒釋兵權」[3]等手段，很快穩固了中央政權。在沒有後顧之憂後，便發動了統一中國的戰爭。

此時的南方，有一個國家是南唐[4]。後主李煜（ㄩˋ）只知道沉湎酒色，作詩填詞。在政治上卻昏庸無能，不理朝政。南唐國力日漸衰退。也就是在這個時候，宋太祖的進攻目標轉向了南唐。可是在南唐有一位大將叫林仁肇（ㄓㄠˋ），勇猛無敵，成為了宋太祖滅掉南唐的最大障礙。宋太祖為了除掉林仁肇，絞盡腦汁。

不久之後，機會來了。

西元九七一年，李煜派他的弟弟李從善來宋朝進貢，宋太祖不僅熱情款待了李從善，還把他留在宋朝，並封了他一個官職。李從善不敢違抗宋太祖的意思，但是又不敢私自留在宋朝做官，只好把這件事告訴了後主李煜。李煜心想：「雖然不知道趙匡胤留下李從善到底是什麼意思，但是正好可以借這個機會讓李從善多探聽一下宋朝的情況。」於是便同意李從善留在宋朝任職。

為了達到目的，宋太祖又命人去南唐，用金銀珠寶賄賂了林仁肇的僕人，拿到了一張他的畫像，回來後掛在了側室[5]裡。

有一次，李從善來拜見宋太祖，侍臣把他帶到了側室等候。李從善突然看到了掛在牆上的畫像，感到十分吃驚。他問侍臣：「你們為什麼把南唐猛將林仁肇的畫像掛在陛下的側室裡？」侍臣回答道：「既然你現在也是宋朝人了，那我就告訴你吧。陛下十分愛惜林仁肇的才幹，已經下了詔書讓他來京城了。林仁肇感激陛下的恩德，已經同意投降，這幅畫就是他派人送過來表達心意的。陛下已經答應，只要他來京城，就馬上封他做節度使，並且賜他一座大宅子。」

李從善感覺到事情重大，馬上回到了南唐，把這件事告訴了李煜。李煜聽後大驚，認定林仁肇叛變了，便打算除掉他。於是在一次設宴款待林仁肇的時候，事先在酒裡下了毒藥。林仁肇根本沒有懷疑。酒宴後他回到家中，毒藥發作，七孔流血而死。

---

❸【杯酒釋兵權】宋太祖趙匡胤爲了避免別的將領篡奪自己的政權，同時加強中央集權，通過酒宴的形式，威脅利誘高階軍官們交出兵權。

❹【南唐】是五代十國時期十國裡的一個，後被宋朝所滅，歷時三十九年。

❺【側室】這裡指臥室旁邊的屋子。

當宋太祖得知李煜毒死林仁肇後，開懷大笑，然後迅速派兵攻打南唐，並很快消滅了南唐，俘虜了李煜。

宋太祖從一開始就是在布局。他把李從善留在宋朝，又派人弄到林仁肇的畫像，再讓李從善看到掛在宋太祖側室的畫像，就是為了讓李煜對林仁肇產生懷疑，並最終使得李煜毒殺了林仁肇。這就是典型的「借刀殺人」手法，宋太祖用一幅畫，就消滅了一個強大的敵人。

第四計　以逸待勞

【原文】

困❶敵之勢，不以戰❷；損剛益柔❸。

【譯文】

要想使敵人陷入圍困的局面，不一定要用進攻的方法；想辦法消耗敵方實力，那我方的實力也就增強了。就像「剛」和「柔」是相對的，卻可以互相轉化一樣。

❶困：圍困。

❷戰：這裡指進攻。

❸損剛益柔：出自《易經・損卦》。「剛」「柔」是相對的，但又可以互相轉化。

【歷史再現】

周亞夫平叛

西元前一五四年，由於不滿漢景帝削弱藩王的權力，以被封為吳王的劉濞（ㄆㄧˋ）為首的七個劉姓諸侯，起兵發動叛亂，史稱「七國之亂」。

叛亂發生後，漢景帝下令周亞夫率軍迎戰以劉濞為首的叛軍。周亞夫知道自己的兵力遠遠比不上叛軍，如果正面決戰恐怕會被叛軍打敗。於是上書給景帝，希望可以用梁國來拖住叛軍，然後自己想辦法燒掉叛軍糧道，這樣才有取勝的希望。漢景帝同意了他的計畫。於是他屯兵昌邑，堅守不出，進行防禦。打算等到叛軍士氣低落的時候再進行攻擊。

此時的梁國，正在被叛軍猛攻。梁王每日都派使者前來請求周亞夫發兵救援，可周亞夫全部拒絕，依舊堅守不出。梁王乃是漢景帝的親弟弟，於是他上書漢景帝，要求派周亞夫發兵救援梁國。漢景帝沒辦法，只好派人向周亞夫傳旨，要求他去消滅圍攻梁國的叛軍。

周亞夫接到聖旨後，依然沒有出兵的意思。使者怒斥他抗旨不遵。他卻對使者說：「現在陛下是讓我領兵來平定叛亂，我才是軍隊的指揮官，一切軍事行動都要根據戰場形勢的變化來制定。只要我認為是正確的，就並不一定非要遵從陛下的命令。況且現在梁國還有數萬守軍，糧草充足，一定可以堅持下去。如今叛軍實力強大，匆忙決戰對我軍不利，所以還要繼續堅守。」

當叛軍聽說周亞夫寧願抗旨也不救援梁國的時候，以為是他膽小不敢決戰，就更加輕視他了，根本沒有人把他放在眼裡，繼續猛攻梁國。

周亞夫趁叛軍對他疏於防範的時候，秘密調動了一股精兵切斷了叛軍的糧草。叛軍失了糧草，知道繼續攻擊梁國已經不可能了，於是掉頭準備和周亞夫決戰。

周亞夫知道叛軍缺糧，肯定急於決戰，於是繼續堅守不出，始終不與叛軍正面交鋒。時間久了，遠道而來的叛軍因為糧草匱乏等原因疲憊不堪，加上周亞夫又經常夜襲叛軍，所以叛軍的戰鬥力日漸衰弱。這時候，周亞夫故意製造了防備鬆懈的假象，引誘叛軍攻營。叛軍希望速戰速決，自然就上當了。當叛軍攻入大營時，殺聲四起，萬箭齊發。叛軍抵擋不住，迅速撤退。此時的叛軍早已士氣低落，加上糧草的缺乏，戰鬥力十分低下。於是周亞夫率兵追擊，大敗叛軍。最終平定了叛亂。

周亞夫的軍隊實力本來是比不上叛軍的，但是他卻用了計謀：他通過梁國阻擋叛軍，使自己的士兵得到了充足的休息；又通過燒叛軍的軍糧，使得叛軍士氣低落，戰鬥力下降，急於決戰；然後「以逸待勞」，消滅了叛軍。

第五計　趁火打劫

【原文】

敵之害❶大，就勢取利，剛決柔也❷。

【譯文】

敵人的困難越大，我們就越應該利用敵人的困難來取得自己的利益，因為佔據優勢的時候，就一定要把握機會。

❶害：困難，危難。

❷剛決柔也：出自《易經・夬（ㄍㄨㄞˋ）卦》。比喻有優勢時要把握機會。

【歷史再現】

清朝入主中原

明朝後期，朝廷政治腐敗，民不聊生，國力衰弱。崇禎皇帝想振興大明朝，但是他猜疑成性，信任的都是奸佞（ㄋㄧˋㄥ）小人，使得賢臣良將根本無法在朝中立足，連名將袁崇煥❸都被他下令殺掉了。此時的大明朝，已經走向了滅亡的邊緣。

西元一六四四年，李自成率領農民起義軍一舉攻陷了北京城，建立了大順政權。可是政權建立後，起義軍的首領們很快就犯了錯誤，他們被勝利沖昏了頭腦，開始享樂，也不顧及百姓的死活。

當時地處東北的清朝政府一直對中原虎視眈眈，但是明軍堅守山海關，阻擋著清軍的進攻。此時的山海關總兵是吳三桂，他本是個勢利小人，見風使舵慣了，看到明朝的滅亡已成定局，於是便想投靠大順農民政權。

---

❸【袁崇煥】明末著名政治人物、文官將領，曾守衛山海關及遼東，指揮寧遠之戰、寧錦之戰，後被崇禎帝誅殺。

但是沒想到，李自成在攻佔了北京後，產生了驕傲自滿的情緒。對於吳三桂這樣手握重兵的明朝將領，他不但沒有去拉攏，反而抄了吳三桂的家，殺了他的父親，並把吳三桂的愛妾陳圓圓佔為己有。

吳三桂得到消息後十分憤怒，他要報仇，要消滅李自成。可是又知道自己的實力還不足以和李自成對抗。於是他下定決心，引清朝軍隊入關，藉助清軍的力量消滅李自成來報仇。

當時的清朝皇帝是只有七歲的順治，攝政王多爾袞（ㄍㄨㄣˇ）才是實際的掌權者。多爾袞時刻都在關注著中原的變化，對於入主中原他早已迫不及待。當他得知吳三桂要放清兵入關聯手消滅李自成的時候，欣喜若狂。多爾袞迅速集結軍隊，與吳三桂聯手，兩路大軍殺入山海關，只用了幾天，就打到北京城，趕走了李自成。多爾袞當然不會就這麼滿足，清軍不僅佔領了北京，還順勢佔領了整個中國。從此，中原進入了清朝的統治時代。

明朝的滅亡，大順政權立足未穩，統治者產生的驕傲自滿情緒，吳三桂的叛變，這些條件都為滿清入主中原創造了有利的條件。而多爾袞要做的，只是利用這些條件，趁火打劫，輕而易舉就完成了入主中原的目的。

第六計　聲東擊西

【原文】

敵志亂萃[1]，不虞[2]，坤下兌上之象[3]。利其不自主[4]而取之。

【譯文】

敵人憔悴且情志不清的時候，想不到又發生了混亂的事情，就像水位暴漲、大河決堤一樣，敗象已露。一定要利用敵人不能主導的機會來將其打敗。

---

❶萃：憔悴。
❷不虞：沒有想到。
❸坤下兌上之象：指《易經》中的《萃卦》，有澤水淹及大地之象。比喻混亂。
❹主：主導。

【歷史再現】

普羅民遮城之戰

一六六一年，鄭成功率領兩萬五千名將士登上澎湖。他的目標是攻佔臺灣。此時的臺灣已經被荷蘭殖民者統治了幾十年。要想攻佔臺灣，趕走荷蘭殖民者，就必須先要攻下荷蘭殖民者的據點之一普羅民遮城。

為了能夠攻下普羅民遮城，鄭成功多次走訪當地熟悉地形的老人，了解到有南北兩條航道可以通往普羅民遮城。南邊的航道水很深，港口也很開闊，不僅船隻可以暢通無阻，登陸作戰也比較容易。但是荷蘭殖民者也沒有忽視這邊，他們在港口上布置了大量士兵和很多火炮。如果在南航道登陸，一定難免一場惡鬥。北邊還有一條航道，能直通到鹿耳門港。但是航道很窄，礁石十分密集，並且還有荷蘭殖民者鑿沉的船隻堵在了航道上，不能通過大船。但是這邊防守的兵力很少。

鄭成功還了解到另一個重要的消息。每次等到海水漲潮的時候，北航道就會變寬，到時是可以通過大船的。於是鄭成功決定在海水漲潮的時候攻下鹿耳門，然後再攻打普羅民遮城。

為了不被荷蘭殖民者發現自己真正的意圖，鄭成功想了一個辦法。他先派出了部分戰艦向南邊的航道進發，一路上喊殺聲震天，聲勢十分浩大，做出要從南航道登陸的樣子。荷蘭殖民者信以為真，連忙調集大批軍隊過來防守。雙方發生了激烈的戰鬥，使得荷蘭殖民者的注意力全部都被吸引了過來。

就在雙方激戰的時候，鄭成功卻率領主力部隊，趁著海水漲潮、殖民者注意力都在另一邊的時候，悄悄地通過北航道登上了鹿耳門，然後悄悄地包圍了敵軍。此時，荷蘭殖民者已經無力抵擋登陸的鄭成功了。最終鄭成功拿下了普羅民遮城，收復了臺灣。

「聲東擊西」，用在軍事上就是通過製造即將攻打敵人某處的聲勢來吸引敵人的注意力，然後出其不意，攻打敵人防備弱的其他地方，從而達到打擊敵人的目的。鄭成功很巧妙地運用了「聲東擊西」的策略，通過佯攻南航道吸引敵人的注意，自己卻從北航道突然殺入，攻其不備，最終拿下了普羅民遮城。

第七計　無中生有

【原文】

誑[1]也，非誑也，實[2]其所誑也。少陰[3]，太[4]陰，太陽[5]。

【譯文】

運用假象欺騙對方，但並不總是欺騙，而是讓對方把真相當成假象。因此要巧妙運用陰陽轉結之理，由陰變陽，由假變真。

❶誑：欺騙。
❷實：動詞，使……眞實。
❸少：小的。陰：假象。
❹太：大的。
❺陽：眞相。

【歷史再現】

岳飛之死

抗金名將岳飛小時候，正好趕上金兵南侵宋朝。所以，他從小便立志精忠報國。長大後，岳飛從軍，加入了抗金的行列，並很快當上了將軍。一一四〇年秋，岳飛率領軍隊在河南大敗金軍，並趁勢打到開封的朱仙鎮。這對於南宋來說，是一次非常大的勝利。士兵們都想著能夠盡快收復失地，恢復宋朝對北方的統治。岳飛同樣也是躊躇滿志。但此時的南宋朝廷，同樣也不平靜。

原來，朝廷最大的實權派秦檜，早已秘密地投靠了金國。就在岳飛和將士們在朱仙鎮與百姓慶祝勝利的時候，金國也派了使者給秦檜送信：「你們不停地向我們求和，卻又留著岳飛和我們作戰，一點誠意都沒有。你一定要想辦法除掉岳飛。」為了討好自己的新主子，秦檜下定決心想辦法殺掉岳飛。

秦檜一方面讓他的手下編造罪名，自己上奏章誣陷岳飛。另一方面勾結將領張俊，誣告岳飛的兒子岳雲和部將張憲打算佔據襄陽，發動兵變。由於他們接二連三在皇帝面前狀告岳飛，致使皇帝信以為真，要治岳飛的罪。於是在岳飛等人慶祝勝利的時候，皇帝連發十二道金牌[6]命令岳飛回朝。

岳飛回朝之後，被收回了兵權。他和兒子岳雲及部將張憲等人全部被關進了大牢，並受盡酷刑。秦檜想要盡快除掉岳飛，於是便對外宣布岳飛等人犯了謀反的大罪，一定要處死。另一位抗金名將韓世忠對此十分憤怒，他質問秦檜：「你說岳飛謀反，有什麼證據嗎？」秦檜一下子無言以對，想了一下才對韓世忠說：「其事體莫須有。」意思就是，岳飛謀反這件事，並沒有什麼證據，但是我說有，也許就有吧。韓世忠仰天長歎：「『莫須有』三個字何以服天下！」然而岳飛被判處死這件事情是無法改變的，一一四二年春節前的一個晚上，岳飛等人在杭州風波亭被殺害。

秦檜知道岳飛是抗金名將，他在手下將士和百姓心目中的形象是高大的，影響力也是巨大的。要想除掉岳飛，用正當手段是不會成功的。於是他便憑空揑造、羅織罪名，用「無中生有」的方法，使皇帝對岳飛的謀反深信不疑，最終殺害了岳飛。

---

[6]【金牌】這裡指皇帝的權杖，代表聖旨。

第八計　暗渡陳倉

【原文】

示[1]之以動[2]，利其靜[3]而有主[4]，《益》動而巽[5]。

【譯文】

用佯攻來吸引敵人的注意力，利用敵人固守的機會，暗地裡從另一個方向進行偷襲。這正是出奇制勝的方法。

❶示：吸引注意力。
❷動：動作，這裡指佯攻。
❸靜：平靜，這裡指固守。
❹主：主張，這裡指偷襲。
❺《益》動而巽（ㄒㄩㄣˋ）：出自《易經．益卦》。比喻出奇制勝。

【歷史再現】

鄧艾奇襲滅蜀

三國後期，魏蜀吳三足鼎立。其中，魏國佔據中國北方，土地廣闊，人口最多，實力最強，也是最有可能實現統一的國家。

西元二六三年，魏國正處在司馬昭掌權時期。此時的蜀國，後主劉禪（ㄔㄢˊ）只知道享樂。由於諸葛亮的多次北伐，蜀國的國力也早已大不如前。這種情況下，司馬昭決定消滅蜀國。於是，他派鍾會[6]領十萬大軍，諸葛緒、鄧艾[7]各率三萬大軍，兵分三路，進攻蜀國。此時的鄧艾已經是一位作戰經驗豐富的大將了。

魏軍攻勢凶猛，浩浩蕩蕩殺入漢中，接連攻佔了蜀國的多座城池。不久，鄧艾率兵攻入了陰平一帶。鍾會也率軍一路高歌猛進，他還收編了諸葛緒的三萬人，十三萬人馬殺向蜀國的重要軍事關口劍閣。

劍閣十分艱險，頗有「一夫當關，萬夫莫開」的氣勢，易守難攻。蜀國大將姜維[8]，受諸葛亮真傳，有勇有謀，帶著幾萬名蜀國將士，依託劍閣天險，阻擋住了鍾會十三萬大軍的進攻。鍾會十三萬大軍被阻擋在劍閣之外，久攻不下，眼看著軍糧要供應不上了，便產生了撤兵的念頭。就在這個時候，鄧艾率兵趕到了。

鄧艾來見鍾會，是因為他找到了攻破蜀國的方法。原來，早在鄧艾在陰平的時候，就聽說鍾會被蜀將姜維阻擋在了劍閣之外。當時他便想，難道想要攻進成都只能先打下劍閣嗎？有沒有另外的路可以繞過劍閣直通成都呢？於是，他派出了許多的探子，去查明劍閣周圍的地形地貌，還翻閱大量歷史書籍，希望可以找到一條能夠繞過劍閣的路。

皇天不負有心人。終於有一天，一個探子帶回來了一個好消息，他探查到有一條小路可以繞過劍閣，從陰平直接通到蜀國的都城成都。只是這條小路開鑿於漢武帝時期，幾百年無人行走，四周都是崇山峻嶺，道路上也長滿了樹木，毒蟲很多，很難行走。鄧艾聽到後十分高興，心想：「看來連老天都在幫助我啊。這麼難走的路，即使是姜維應該也不會派兵防

---

❻【鍾會】字士季，三國時期魏國謀士、將領。他是魏國滅蜀國的重要功臣，但後來因爲企圖割地自立，遭遇兵變被殺。

❼【鄧艾】字士載，三國時期魏國傑出的將領、軍事家。他是魏國滅蜀的最大功臣，但後來被鍾會污衊、陷害，被司馬昭殺害。

❽【姜維】字伯約，三國時期蜀國著名的將軍、統帥。他繼承諸葛亮的遺志，多次北伐。在魏國滅蜀國後，姜維投降。最終與鍾會合謀反叛，但是失敗，後被魏兵殺死。

守吧。只要我能帶兵從這條小路衝出去，讓鍾會牽制住姜維的兵馬，那成都豈不是唾手可得麼？」

他把自己的想法告訴了鍾會，鍾會很不屑。本來鍾會就看不起寒門出身的鄧艾，聽到這個異想天開的想法後更是嗤之以鼻。但是他很想看鄧艾的笑話，也就沒有阻止鄧艾這麼做。於是鍾會繼續攻打劍閣，鄧艾則回陰平準備偷襲成都。

鄧艾回到陰平之後，立即開始準備偷襲的計畫。他命令自己的兒子鄧忠帶領五千名精兵先行出發，帶著斧子、鑿子在前面開路。自己則親率大軍，帶著乾糧等輜重，緊隨其後，開始了偷襲之路。幾百年沒人走過的道路，其艱難程度可想而知。但是，鄧艾和他的士兵們始終都沒有放棄。經過他們的不懈努力，終於看到了勝利的曙光。可就在這時，部隊突然停下了。原來這小路的盡頭居然是懸崖，十分陡峭，攔住了他們前進的道路。士兵們十分失望，甚至有人害怕了，提出要原路返回去。鄧艾說：「我們連來的路上那麼多困難都克服了，眼看著勝利就在眼前，難道要因為這點小小的困難就要讓前面的努力白費嗎？」他把盔甲兵器扔下懸崖，拿過一條毯子包在身上，喊了一聲：「大家都學我的樣子。」隨後就滾下了懸崖。手下的將士對於鄧艾這種身先士卒的行為十分敬佩，也很感動。於是紛紛學著鄧艾的樣子滾下了懸崖。等到在懸崖下鄧艾再次集結隊伍的時候，只剩下兩千餘人了。這時蜀國的士兵都被姜維帶領著與鍾會對峙，後方空虛。再加上沒人想到鄧艾能從小路偷襲，所以鄧艾帶著人來到江油的時候，江油守將不戰而降。之後鄧艾迅速向綿竹進發，在綿竹斬殺蜀國衛將軍諸葛瞻，使得蜀軍全線崩潰。隨後直逼成都。此時，蜀國皇帝劉禪才慌忙想起要調姜維回來防守成都，可是已經來不及了。鄧艾兵臨城下，他只能出城向鄧艾投降。同時還寫信給姜維，命令他也投降。

只有充分吸引了敵人的注意力，「明修棧道」，這樣才能做到「暗渡陳倉」，出奇制勝。鄧艾能夠奇襲蜀國成功，與鍾會持續不停地攻打劍閣是分不開的。鍾會十三萬大軍猛攻劍閣，成功地吸引了姜維的注意力，使其把主要兵力都用在了防守劍閣上，從而忽略了鄧艾。也正是這樣，才使得鄧艾穿過小路，奇襲成都，滅亡蜀國的「暗渡陳倉」計畫能夠成功實現。

第九計　隔岸觀火

【原文】

陽❶乖❷序亂，陰❸以待逆❹。暴戾恣睢❺，其勢自斃。順以動《豫》，《豫》順以動❻。

【譯文】

表面上回避敵人的混亂，背地裡卻是在等待敵人的內部發生爭鬥。只要敵人內部反目成仇，發生爭鬥，那麼敵人就會不攻自破。就是說做什麼事情都要順其自然，不能強求。

---

❶陽：表面上。
❷乖：回避。
❸陰：背地裡。
❹逆：爭鬥。
❺暴戾恣睢：形容反目成仇。
❻順以動《豫》，《豫》順以動：出自《易經．豫卦》。指做事情要順其自然，不要強求。

【歷史再現】

白起之死

西元前二六〇年，秦國和趙國之間發生了長平之戰，秦國獲得勝利。之後，秦國大將武安君白起坑殺趙軍四十萬人，令趙國上下一片恐慌。白起乘勝追擊，接連攻下十七座城市，直接打到了趙國的國都邯鄲。白起打算趁此機會，攻破邯鄲，滅亡趙國。就在趙國形勢危急時，平原君趙勝❼的門客蘇代向趙王獻出一計，表示願意冒險去秦國，想辦法讓秦國退兵，解除趙國的危機。此時的趙王也沒有別的辦法可用，與各位大臣商量之後，同意了蘇代的計策。

蘇代來到秦國後，重金賄賂了秦國的相國應侯范雎。他對范雎說：「白起在長平之戰中擒殺了趙括，並坑殺了四十萬趙軍，如今更是兵臨邯鄲城下。如果趙國滅亡，那麼秦國一統天下的趨勢就沒有人能阻止了。白起共為秦國攻下過七十多座城池，如果秦國統一天下，那白起可憑藉他的赫赫戰功登上高位，到時候您的地位都可能都會不如他了。秦國曾多次攻打

❼【平原君趙勝】戰國時期趙國宗室大臣。他在趙惠文王時曾任宰相，是當時著名的政治家，以善於養士而聞名。戰國四君子之一。

趙國，使趙國百姓都十分痛恨秦國，不願意成為秦國的子民。到時候你們攻下趙國，地盤雖然變大了，但是人口卻不會增多，又有什麼意義？與其這樣，還不如讓趙國割地求和，既得到土地人口，又不讓白起拿下滅趙之功，豈不是一舉兩得？」

范睢果然害怕自己的地位受到威脅，於是向秦王上書說：「士兵們一直征戰在外，如今已經十分疲憊了，不如暫時讓他們回來休息，讓趙國割地求和吧。」秦王很信任范睢，便同意了他的建議，下令收兵，接受趙國割地求和。

白起本以為這次可以滅掉趙國了，十分高興，哪想到秦王突然收兵。他回國之後一直悶悶不樂。後來他得知是范睢建議撤兵的，便和范睢產生了矛盾。

兩年後，秦王又派兵攻打趙國。由於白起正在生病，秦王便派王陵領兵前往。王陵的對手是趙國將軍廉頗。廉頗熟知兵法且經驗豐富，大敗王陵。秦王非常憤怒。白起病好後，秦王又讓白起攻打趙國。白起對秦王說：「趙國現在的將軍廉頗可不是當年的趙括可以相比的；秦國也在外征戰多年，將士現在也很疲乏；再說現在各國都痛恨秦國，如果我們現在發兵打邯鄲，其他諸侯國發兵救援的話，很快就可以到，到時候他們內外夾擊，我們根本不能取勝。因此現在不是攻打趙國的時候。」秦王見白起不答應，於是又讓范睢去請白起。可是白起和范睢矛盾很深，范睢又怎麼能請得動他？後來白起裝病不起，秦王和范睢也無可奈何。

秦王改派王齕（ㄏㄜˊ）為將軍攻打趙國。久攻不下，後來又被趙國的援軍所敗。於是秦王又想起了白起。可是秦王和范雎再此請求白起出兵時，白起依然裝病不起。他還對別人說：「當初秦王不聽我的勸告，現在怎麼樣，失敗了吧？」秦王知道這件事後十分生氣，免去了白起的官職，並把他趕出了咸陽。范雎對秦王說：「白起被罷官，心中一定不服氣，說不定會投靠別的國家，那樣我們就多了一個強敵了。」於是秦王派人拿著寶劍追上白起，讓白起自殺。可憐一代名將，就這樣死在了自己人的手中。

白起之死，使得趙國的「隔岸觀火」計策獲得成功。當初白起圍攻邯鄲，趙國眼看就要滅亡，是蘇代把范雎心中的嫉妒之火點燃了，讓秦國的內部變得矛盾重重，文臣武將不和。而矛盾最終的結果，得利最大的卻正是趙國，不僅免除了被滅國的危險，還除掉了大將白起。

第十計　笑裡藏刀

【原文】

信❶而安❷之，陰❸以圖❹之，備而後動，勿使有變。剛中柔外也❺。

【譯文】

要想辦法讓敵人感到心安並相信我們，然後背地裡去謀劃，準備好之後要馬上行動，以免被敵人看出來後有所準備。這就是表面對敵人友善，卻暗藏殺機的謀略。

---

❶信：使相信。
❷安：使安心。
❸陰：背地裡。
❹圖：圖謀。
❺剛中柔外也：表面軟弱，其實十分強硬。

【歷史再現】

鄭武公滅胡國

春秋時期，鄭國與胡國是鄰國。鄭國國君鄭武公很有抱負，他想讓鄭國變得強大起來，便想到了吞併臨近的胡國。可是鄭國與胡國實力相當，以鄭國的實力，想要吞併胡國是很難的。為此，他一直悶悶不樂。

鄭武公有一個女兒，極為美貌。一天，鄭武公看到美麗的女兒後，突然想到，胡國年輕的國君不是一直想要找一個絕色女人做妃子嗎？如果我把女兒嫁給他，那胡國應該就會對鄭國放鬆警惕，到時候不就有機會吞併胡國了嗎？於是他開始在心裡默默地策劃。

鄭武公找來了鄭國最好的畫師，用最好的絹給女兒畫了一幅肖像。畫好後，鄭武公一看，這簡直就是美若天仙，胡國國君看了後一定會喜歡。於是趕緊讓人帶著金銀財寶和女兒的畫像去面見胡國的國君，轉達鄭武公想要和胡國國君聯姻的意圖。

胡國國君看到鄭武公女兒的畫像後，驚為天人，馬上同意聯姻。

胡國國君娶了鄭武公的女兒之後，心花怒放，此後每日在宮中花天酒地，漸漸放鬆對鄭國的警惕。他不知道，這一切都是鄭武公的計謀。

而此時在鄭國，鄭武公已經召集了全國的鐵匠打造武器，同時招兵買馬、練兵布陣，積極備戰。

鄭國招兵買馬的消息傳到了胡國。大臣們建議胡國國君做好防備，加強邊境力量。但是胡國國君認為既然兩國已經聯姻，就不能貿然行動，決定先派使者去鄭國打探一下。

胡國使者見鄭國到處都在練兵，便問鄭王：「鄭國現在到處都在練兵，是不是要吞併我們胡國？」鄭武公十分鎮定地說：「我的女兒現在是胡國的王妃，我怎麼能派兵攻打我女兒的國家呢？」胡國使者信以為真。鄭武公為了消除胡國的懷疑，也派了使者去和胡國簽訂了永世友好的條約，約定兩國永不發生戰事。胡國國君覺得再也不會有威脅了，就更加放縱享樂，也不理朝政了。

一天，鄭武公問手下的大臣們：「如今鄭國兵強馬壯，想要擴大地盤，應該先攻打哪個國家呢？」一個叫關其思的大臣說：「胡國最弱，應該先攻打胡國。」鄭武公裝作十分憤怒地說：「鄭國與胡國永世友好，我怎麼可以背信棄義去攻打胡國。來人，把關其思斬了，把頭給胡國送去。告訴胡國國君，如果有人離間鄭國和胡國的關係，就是這樣的下場。」但鄭武公背地裡卻偷偷把軍隊派到了鄭國和胡國的邊境隱藏了起來。

鄭國的使者帶著關其思的頭來到胡國，說明原因。胡國國君很是高興。突然想起剛剛還有大臣對他說鄭國要來攻打，讓他加強戒備，於是便對剛才那個大臣說：「你看到了吧，鄭武公把建議攻打我們的大臣都給殺了，你卻還在這裡挑撥離間，破壞兩國的友好關係，是何居心，應該判你重罪。」於是下令把那個大臣趕出胡國。為了表達對鄭國的友好，他還撤走了邊界的軍隊。

鄭武公聽到消息之後，暗笑胡國國君愚蠢，同時命令軍隊立刻向胡國進攻。胡國被打了個措手不及，很快就被鄭國吞併了。

鄭武公把女兒嫁給胡國國君並和胡國簽訂永世友好條約，是為了麻痺胡國國君，為自己爭取準備的時間；準備好以後又殺關其思，徹底讓胡國國君放鬆警惕。鄭武公用了「笑裡藏刀」的計謀，成功使胡國國君被他表面的友好所迷惑，最終才可以抓住機會吞併胡國。

第十一計　李代桃僵

【原文】

勢必有損❶，損陰❷以益❸陽❹。

【譯文】

局勢的發展必然會帶來損失，如果遇到這種情況，要盡量損失局部的利益來保全全域的利益。

❶損：損失。
❷陰：局部的。
❸益：保全。
❹陽：全域的。

【歷史再現】

趙氏孤兒

春秋時期，晉景公聽信大奸臣屠岸賈（ㄍㄨˇ）的讒言，下令滅掉對晉國有大功的大將軍趙朔的整個家族。屠岸賈帶著三千人把趙家老老小小殺得一個不留。幸好，事發之前，趙朔的妻子即已經懷孕的莊姬躲進了宮中，才免於一死。

屠岸賈得知莊姬躲藏在宮中後，曾上書請求晉景公殺掉她，可莊姬是晉景公的姑姑，晉景公不忍下手。後來莊姬生下了一個男孩，屠岸賈便打算斬草除根。

屠岸賈親自帶著人搜查了皇宮，卻什麼也沒搜到。原來，晉國忠臣韓厥不忍見大忠臣趙氏絕後，早已派心腹悄悄把孩子送出了宮。屠岸賈沒有搜到孩子，於是下令全城搜查。

孩子輾轉落在了趙氏的忠實門客公孫杵臼和程嬰手上。他們二人商量之後決定保住這個孩子。公孫杵臼問程嬰：「是讓一個人死困難，還是讓他養育一個孩子困難？」程嬰說：「死很容易，養育一個孩子很難。」公孫杵臼說：「大將軍生前對你最好，那撫養孩子這件困難的事就交給你了。我會帶一個孩子假冒趙氏孤兒，逃到首陽山，到時候你去向屠岸賈告密。只要我們死了，趙家的命脈就可以保住了。」多次商議之後，他們也想不出別的辦法，就決定這麼做了。

可是代替的孩子要上哪去找呢？有哪個父母會讓自己的孩子去送死呢？忽然，有一陣嬰兒的哭聲響起。原來，程嬰的妻子也剛剛為他生下了一名男嬰。於是，程嬰決定用自己的孩子來代替趙氏的孩子。

公孫杵臼帶著孩子上了首陽山後，程嬰就去向屠岸賈告了密。屠岸賈帶著人追到了首陽山，親手殺死了公孫杵臼和那個孩子。屠岸賈以為已經斬草除根了，就慢慢放鬆了警惕。程嬰也帶著趙氏孤兒逃到了外地，並撫養他長大成人。

十五年後，當年的趙氏孤兒已經長大，取名趙武，文武雙全。程嬰把當年的事情真相告訴了他，並叫他一定要為趙氏家族報仇。後來，趙武在韓厥等人的幫助下，終於殺了屠岸賈，報了大仇。

當大難當前的時候，主動站出來替別人抵擋災禍，這也是一種「李代桃僵」的做法。程嬰能犧牲自己的孩子，挽救趙氏孤兒，就是「李代桃僵」這一計策的最佳詮釋。

第十二計　順手牽羊

【原文】

微隙❶在所必乘❷，微利在所必得。少陰❸，少陽❹。

【譯文】

敵人再微小的漏洞，也必須要利用；再微小的利益，也必須要去爭取。要能夠把敵方微小的漏洞轉化為我方的利益。

❶隙：漏洞。
❷乘：利用。
❸陰：此處指漏洞。
❹陽：利益。

【歷史再現】

楚文王順手「牽」美人

春秋時期，陳國國君有個女兒叫嬀（ㄍㄨㄟ），長得如花似玉、美若天仙、傾國傾城，後來她嫁給了息侯，成為息夫人❺。息夫人還有個姐姐嫁給了蔡哀侯。

西元前六八四年，息夫人回陳國探親，路過蔡國。蔡哀侯說：「妹妹既然路過蔡國，怎麼能不見上一面呢？」於是在宮中設宴款待息夫人，並親自作陪。席間，蔡哀侯見息夫人太美了，便出言調戲，並動手動腳。息夫人不能忍受他的騷擾，非常生氣，便離開了。

息侯知道這件事之後，十分生氣，便生出了報復蔡哀侯的心思。他想借楚國的力量來教訓蔡哀侯。此時楚國已定都於郢，正在圖謀向東擴張，以方便將來能順利北上爭霸。而處在汝水和淮水附近的蔡、息兩國，正是楚文王夢寐以求的。正在這時，息侯的使者來了，不僅帶來了大量金銀財寶，還有一封密信。信中寫道：「蔡國因為自己和齊國有親戚關係，就不肯向楚國納貢稱臣。我現在也對蔡國恨之入骨。我與蔡哀侯是親戚關係，不如大王派軍隊來進攻息國，而後我會向蔡哀侯求援，蔡哀侯一定會親自帶兵來救我。到時候我們內外夾擊，活捉蔡哀侯，就不怕蔡國不向楚國納貢稱臣了。」

正在這時，息侯的使者來了，不僅帶來了大量金銀財寶，還有一封密信。

楚文王接到密信後十分高興，他正愁攻打蔡國和息國師出無名，息侯就給他送來了這麼好的機會。於是楚文王馬上興兵討伐息國。息侯按計劃向蔡國求助，蔡哀侯果然親自帶兵來救。蔡哀侯帶兵剛來到息國，就遭到了楚國軍隊的埋伏，大敗。蔡哀侯逃到息國城下，對他恨之入骨的息侯沒有放他進城，致使蔡哀侯被楚國軍隊俘虜。

戰後，息侯大肆犒勞楚軍，蔡哀侯這才知道自己中了息侯的奸計，恨極了息侯。楚文王本想殺掉蔡哀侯，但是被大臣勸阻，於是就放他回國了。

❺【息夫人】春秋時期息國國君的夫人。後來被楚文王用武力得到，後稱爲文夫人。

蔡哀侯知道楚文王好色，為了報復息侯，他對楚文王說：「息侯的夫人嬀是我見過的最美麗的女人。她美若天仙，臉若桃花，一顰一笑都讓我至今難忘。大王難道不想見一見嗎？」楚文王聽說世界上還有這麼美麗的女子，便動了心。

於是他以巡視各方為藉口，來到了息國。息侯親自出城迎接並設宴款待。宴會上，楚文王笑著說：「當年為了給你夫人效勞，我可是調動了大批的軍隊，現在我來到了息國，她怎麼不出來敬我一杯酒呢？」

息侯無奈，只好派人去叫夫人出來敬酒。不一會兒，息夫人出來向楚文王敬酒。文王一見，息夫人果然是貌美如花，人間絕色。

第二天，楚文王設宴邀請息侯。表面上是感謝息侯的招待，實際上卻藏了伏兵。席間，楚文王命人拿下了息侯，後來又入宮抓住了息夫人。從此，蔡國和息國成了楚國的屬地，而息夫人也成為楚文王的夫人。

本來楚文王是沒有機會攻佔息國和蔡國的。可是，他卻成功抓住蔡國與息國之間出現矛盾的機會，並且利用了這個機會，一點一點地為自己謀取利益，最終成功地拿下了息國和蔡國，還抱得美人歸。通俗點說，楚文王本來是外出狩蔡國和息國這兩隻「獵物」的，但成功之後在回家的路上還順手「牽」了息夫人這隻「羊」。

第十三計　打草驚蛇

【原文】

疑以叩❶實，察而後動。復❷者，陰❸之媒❹也。

【譯文】

對於有疑問的事情，就應該去證實清楚，觀察到實情之後才能行動。反覆多次的考察證實其實是為了實施隱秘謀劃的手段。

❶叩：查證，證實。
❷復：反覆，多次。
❸陰：隱藏的事物或情況。
❹媒：手段。

【歷史再現】

司馬喜助陰姬當后

戰國時期，司馬喜當上了中山國[5]的相國，但是中山國王的寵妃陰姬卻經常為難他，令他十分苦惱。為了改善和陰姬的關係，謀求個人發展，他便想了一個計策。

當時陰姬正在和中山國王的另一個寵妃江姬爭奪王后之位，競爭十分激烈。司馬喜暗中找到陰姬，對她說：「如果您想當王后，我可以助您一臂之力。」陰姬說：「如果我能成功當上王后，一定會厚報先生。」

第二天，司馬喜給中山王上了一道奏章，說他想到趙國去，找到削弱趙國，讓中山國變強的方法。中山王同意了他的請求。

司馬喜到了趙國就去面見趙王。他對趙王說：「我以前去過很多地方，見識過各種各樣的人，總是聽人說趙國是個出美女的地方。但是我在趙國卻並沒有看到十分出色的美女。要說美女，還要屬我們中山國王的寵妃陰姬，她簡直就是美若天仙、傾國傾城，你們趙國的女人根本無法相比。」趙王是個好色之徒，聽到司馬喜的描述後十分心動，表示十分想得到陰姬，請司馬喜幫忙。

司馬喜回到中山國後卻氣憤地對中山王說：「趙王是個無恥之徒，他不好仁義，卻好女色。我聽說，他不知道從哪知道了陰姬的美貌，居然想要把陰姬娶回去當王妃。」中山王聽了大怒，大罵趙王無恥。司馬喜趕忙勸他息怒，說：「現在趙國的實力強過我們，如果趙王向您要陰姬，恐怕您只能讓給他。如果不給，我們就要承受趙王的怒火。但是如果給了，恐怕會受到其他諸侯國的恥笑。」

中山王左右為難，不知道該怎麼辦，就問司馬喜有沒有辦法。司馬喜說：「這個問題很簡單，只要您立陰姬為王后就可以了，世上還沒有人能娶別人的王后為妃子，即便趙王實力再怎麼強大，他也不能這麼做。」

中山王現在也沒有別的辦法。於是，陰姬順利當上了王后。司馬喜也成功獲得了陰姬的信任。

「打草驚蛇」有時候是把「驚蛇」當作目的。司馬喜成功讓趙王產生了娶陰姬為妃的想法，就好像是「打草」；使中山王憤怒，又產生了「驚蛇」的效果。司馬喜正是用了「打草驚蛇」的計策，使陰姬成功當上了王后。

---

❺【中山國】是燕國和趙國之間的小國，由少數民族建立。最終在西元前二九六年被趙國所滅。

第十四計　借屍還魂

【原文】

有用者❶，不可借❷；不能用者，求借。借不能用者而用之。匪❸我求童蒙，童蒙求我❹。

【譯文】

看上去有用的東西，經常不能被利用；很多看上去沒什麼用的東西，卻可以利用。利用沒有用的東西來幫助自己，就好像不是我主動去幫助愚昧無知的人，而是等愚昧無知的人來求助於我。

❶有用者：有用途的東西。

❷借：利用。

❸匪：同「非」，不是。

❹匪我求童蒙，童蒙求我：出自《易經・蒙卦》。指不是我主動去幫助愚昧無知的人，而是等愚昧無知的人來求助於我。童蒙：因幼稚無知而尋求教誨的人。

【歷史再現】

劉備取益州

西元二〇八年，劉備和孫權聯軍在赤壁大敗曹操，使得他們的勢力得以擴大。他們同時看中了地理位置優越、人口資源豐富的益州，都想佔為己有。但是曹操雖敗，實力依然不容小覷，因此他們兩方都不敢輕舉妄動。

西元二一五年，曹操攻打漢中，漢中太守張魯投降，益州門戶大開。益州牧劉璋是個膽小無能的人，漢中失守後，他很害怕曹操會南下攻打益州，連忙找人來商量辦法。謀士張松說：「曹軍驍勇善戰，十分強大，如果攻打益州，我們根本無法抵擋。現在的辦法，只能是請求其他的勢力來幫助我們共同防禦曹操。荊州劉備和您是同宗，也對曹操恨之入骨，又有能臣猛將輔佐，如果能邀請劉備來幫助防守益州，那曹操一定不敢輕舉妄動。」劉璋採納了張松的建議，邀請劉備來益州共同抵擋曹操。

劉備接到劉璋的邀請後很高興，他早就想佔據益州，一直苦於沒有機會。如今劉璋邀請他進入益州，正可以找機會拿下益州。於是命關羽守荊州，自己親率大軍直奔益州而去。劉璋親自帶人迎接劉備，並設宴款待。表面上雙方十分友好，但劉備卻一直在暗地裡收買人心，削弱劉璋的勢力。

劉備並沒有等待太久。一次，曹操率軍攻打孫權。劉備怕孫權失敗之後自己的荊州也不能保住，就想派兵援助孫權。可是自己的士兵都在益州抵禦曹軍，沒有多餘的力量，於是他想向劉璋借三萬精兵去援助孫權。劉璋手下有人不喜歡劉備，對劉璋說：「劉備對益州一直虎視眈眈。我們借兵給他，就會削弱自己的力量，增強他的實力，如果他乘勢奪取益州，我們根本無法抵擋。所以一定不能借。」劉璋膽小，又沒有主見。他不敢一點不借，就借了三千老弱殘兵給劉備。

劉備知道後很生氣，大罵劉璋：「你我同是漢室宗親，如今我為了大漢天下，幫助你抵禦曹賊，而你卻擔心我謀奪你的益州，想要保存自己的實力，這樣做對得起我麼？既然你無情，就不要怪我無義了。」於是，劉備趁機向劉璋宣戰。由於劉璋無能，劉備又在益州大肆收買人心，所以劉備很快就如願以償佔領了益州。

劉備受到劉璋的邀請而來到益州；到達益州之後又以劉璋的名義和自己的名氣到處拉攏人心；最後又因為劉璋沒有滿足自己的請求而出兵攻佔益州。劉備成功借劉璋之「屍」，達到了佔領益州的目的，為以後蜀國的建立打下了堅實的基礎。

第十五計　調虎離山

【原文】

待天❶以困之，用人❷以誘之。往蹇❸來連❹。

【譯文】

等到天然的情況對我方有利的時候再去圍困敵人，用人造的假象來引誘敵人出擊。如果去攻打敵人會有危險，那就引誘敵人出來攻擊。

❶天：天然的情況。

❷人：人造的假象。

❸蹇：艱難。

❹往蹇來連：出自《易經・蹇卦》。指向前走，遇到困難就返回來。

【歷史再現】

孫策攻取廬江

東漢末年，軍閥混戰，群雄並起。孫堅[5]的兒子孫策繼承父業，他年少有為，很快平定了江東幾郡。孫策有了根基後，逐步開始擴張自己的勢力。

建安四年，孫策計畫向北發展，渡江攻下江北的廬江郡[6]。但是廬江與江東之間有長江天險，且易守難攻。另外，廬江太守劉勳[7]勢力強大，手下兵力眾多。孫策知道，強行攻打廬江郡，不一定能取得勝利。他派人打聽到劉勳十分貪財，於是他想到了一條調虎離山的計策，決定以財富為誘餌，把劉勳從廬江城調動出來，到時候再去攻打廬江。

孫策派人帶了許多金銀財寶和一封信給劉勳。他在信中對劉勳大肆吹捧，並表示自己很敬佩劉勳，本想去親自拜訪，但是由於經常受到上繚的騷擾，忙於作戰，所以一直不能拜見。同時還說上繚十分的富有，江東此時疲乏，抵擋不住上繚，想請劉勳出兵幫忙攻打上繚。如果可以剿滅上繚，到時候所得錢財全部歸劉勳所有。

劉勳看完信後很高興。他早聽說上繚財富很多，想去攻打，可是又害怕孫策來襲擊廬江。如今一看孫策連上繚都應付不了，說明他現在實力弱小，那就沒什麼好擔心的了。於是劉勳決定帶大軍去攻打上繚，搶劫財富。劉勳的手下劉曄❽看出了孫策的計策，勸告劉勳不要出兵，他說：「孫策只是想把我們城內的大軍調走，到時候方便他攻打盧江，你千萬不能中計。」但是劉勳剛愎自用，堅持帶大軍攻打上繚，只留下了老弱病殘來守盧江城。

孫策見劉勳帶著大隊人馬離開，心中大喜，連忙率領軍隊渡過長江，輕而易舉就攻佔了盧江城。從此，孫策佔據了整個江東，為吳國的立國奠定了基礎。

「調虎離山」這個計謀在軍事上經常出現。因為想要減輕自己正面戰場的壓力，就需要把敵人引誘到我方次要方向或對敵人不利的另一個地區。劉勳勢力強大，又依託長江天險佔據盧江郡。如果孫策帶兵硬攻，肯定是白費力氣。所以他利用劉勳貪財的缺點，把劉勳的大軍調出盧江城，減少了自己在攻打盧江時可能受到的抵抗力量，順利攻佔了盧江郡。

---

❺【孫堅】字文台，東漢末年割據軍閥。三國時期吳國的奠基人，孫權和孫策的父親。他曾參加諸侯討伐董卓的戰爭，後死於荊州劉表手下將軍黃祖的襲擊。

❻【盧江郡】地址在今安徽盧江西南。東漢時期治所在舒縣。

❼【劉勳】字子台，袁術部將，曾任盧江太守。後來投奔曹操，任征虜將軍，後因圖謀不軌被誅殺。

❽【劉曄】字子揚，漢室宗親，三國時期魏國著名的戰略家，也是曹魏三朝元老。

第十六計　欲擒故縱

【原文】

逼[1]則反兵，走則減勢。緊隨勿迫，累[2]其氣力，消其鬥志，散而後擒，兵[3]不血刃。需，有孚，光[4]。

❶逼：逼迫。
❷累：消耗。
❸兵：兵器。
❹需，有孚，光：出自《易經・需卦》。需：等待。光：光明。比喻等待時機，才會有光明的前景。

【譯文】

逼迫敵人太緊，敵人有可能反過來和你拼命；讓敵人逃跑，可以暫時消滅敵人的氣勢。緊緊跟著敵人，不要逼迫太緊，慢慢消耗敵人的體力，消磨敵人的鬥志，等敵人潰散後再去攻打，那樣就不用血戰了。只有等待機會，才有光明的前景。

【歷史再現】

鄭莊公克段於鄢

春秋時期，鄭武公娶了申侯的女兒姜氏做妻子。後來，姜氏給鄭武公生了兩個兒子，大兒子叫寤（ㄨˋ）生，小兒子叫段。因為姜氏生寤生的時候難產，所以她很不喜歡寤生，只寵愛段。姜氏曾多次請求鄭武公立段為太子，但都沒有得到同意。

西元前七七四年，鄭武公去世，寤生繼位，就是歷史上的鄭莊公。

鄭莊公繼位後，他的母親姜氏請求把制邑封給段，作為封地。但是鄭莊公說：「制邑這個地方太險要，況且先王也說過制邑不能作為封地，還是換個別的地方吧。」於是姜氏要求把京邑封給段作為封地。京邑人口眾多，物產豐富，鄭莊公心裡十分不滿。但是他已經答應母親了，只好將京邑給了段做封地。

段在京邑大興土木，高築城牆，徵糧招兵，並號稱京城太叔，既不忠君也不愛民。這種情況使得鄭國一些大臣很著急。大夫祭仲對鄭莊公說：「您怎麼能把京邑給段做封地呢？先王規定，封地的城牆不能超過國都的城牆，段已經違反了制度，恐怕要對您不利啊。我們應該抓緊想辦法解決這件事。」鄭莊公說：「這些都是我母親的要求，我也無能為力。」祭仲說：「難道因為您的母親的喜好就不管國家的利益了嗎？」鄭莊公說：「多行不義必自斃，等他做出什麼不義的舉動，到時候才是我們的機會。」

由於鄭莊公對段的所作所為不聞不問，段的野心越來越龐大。不久之後，他把封地西部北部的兩個邊境城池也收到了自己的屬地之下。

大夫公子呂對鄭莊公說：「段的勢力越來越大，難道我們就眼睜睜地看著嗎？一個國家是不能有兩個國君的，你明知道段的野心還放縱他，難道是要把王位讓給他嗎？如果是這樣，那我們從今以後就是他的臣子了，如果不是，就請出兵消滅他吧。」鄭莊公說：「不用擔心，他對君主不忠不義，對百姓不仁，對兄長不親，就算他的地盤再大，也成不了什麼大事。」

段想篡位已經不是什麼秘密了。他在京邑大肆剝削百姓，之後囤積糧草、訓練士兵、製作武器，做著戰爭的準備。在他認為一切準備完成之後，他偷偷聯繫了自己的母親姜氏，說他即將起兵攻打鄭莊公，讓姜氏在城裡做內應，到時候裡應外合。

鄭莊公早就派人探查出了他們謀反的時間、詳細計畫等等。於是，他派公子呂以平叛的名義攻打京邑。由於段的橫徵暴斂，京邑的百姓都很不喜歡他，所以公子呂不費吹灰之力就打敗了段。段逃到了鄢地，鄭莊公又去討伐他。無奈之下，段又逃到了共國。一場叛亂就這樣被鄭莊公平定了。

俗話說：「欲要取之，必先予之。」要想制服、控制別人，在形勢未許可，火候未到時，先放任、順應他，滿足他的欲望，這樣能夠加速他走向滅亡，然後才一舉予以徹底打擊。鄭莊公顯然是明白「欲擒故縱」的道理，他對於段的各種明顯謀反的行為不聞不問，甚至是放縱，就是要使段的內心膨脹，把所有的弱點都暴露出來。結果鄭莊公不費吹灰之力就平定了叛亂。

於是鄭莊公派公子呂以平叛的名義攻打京邑。

第十七計　拋磚引玉

【原文】

類❶以誘之，擊蒙也❷。

【譯文】

用相似的方法去引誘敵人，產生矇騙敵人的效果，從而打擊被矇騙的敵人。

❶類：相似。

❷擊蒙也：出自《易經・蒙卦》。指打擊被矇騙的人。蒙：被矇騙。

【歷史再現】

楚國設計滅絞國

西元前七〇〇年，楚國出兵攻打絞國❸。絞國雖是小國，但地勢險要，易守難攻。楚軍兵臨城下之後，多次叫戰，但絞國自知抵擋不住楚國，就打算依託險要的地勢防守，堅決不出城與楚軍決戰。這種情況下，楚軍多次進攻也是無功而返。兩軍相持了一個多月，誰也奈何不了誰。就在這時，楚國大夫屈瑕❹建議楚王應該智取絞國，並獻了一條「拋磚引玉」之計。

屈瑕對楚王說：「如今我們已經在絞國外面包圍了一個多月，絞國的人都在抵抗我們的進攻，肯定沒時間打柴，估計現在絞國城內已經沒有用來燒煮食物的柴禾了，我們不如讓士兵偽裝之後去打柴，到時候絞國的士兵肯定會出來搶。讓他們搶幾次，吃到甜頭，等到大量士兵都出來搶柴禾的時候，我們就設下埋伏一舉殲滅他們。」楚王擔心絞國人不會上當。屈瑕說：「大王請放心，絞國是小國，國內根本沒有能看破這條計謀的人，為了有柴禾燒食

❸【絞國】春秋時期的一個小諸侯國，位於湖北西北的漢水中上游地區。
❹【屈瑕】屈姓先人，春秋時期楚國的貴族。他曾擔任楚國最高官職。

物，他們一定會上當的。」楚軍依計行事了。

絞國也確實沒柴禾了。有樵夫進山砍柴的消息馬上就被人報告給了絞國的國君。絞國國君擔心是楚國士兵假扮的，但是探子並沒有發現有楚國的士兵出現，都是樵夫們結伴上山砍柴。於是，絞國國君下令等樵夫們出山的時候搶柴禾。

搶劫的過程很順利，沒有受到抵抗，也沒有楚軍出現，國君和士兵們都很高興。於是越來越多的士兵被派出來搶柴。

到了第六天，楚王感覺可以進行下一步行動了。當天，絞國士兵看到樵夫出山，正打算搶劫的時候，沒想到樵夫居然轉身就跑，絞國士兵便在後面不停地追，不知不覺中就被引進了楚國設好的伏擊圈。楚軍一擁而上，斬殺了絞國無數的士兵，並趁機攻下了絞國。

在戰爭中，要想讓敵人鑽進我方設下的圈套，就要先讓敵人嘗到足夠的甜頭。就像釣魚時要讓魚嘗到魚餌的香味，魚才會上鉤。楚國就是利用絞國急於得到柴禾這一點，通過用士兵假扮樵夫打柴並被搶，來「拋磚引玉」，讓絞國國君和士兵上當，最終將絞國士兵吸引到城外，圍而殲之。

第十八計　擒賊擒王

【原文】

摧[1]其堅[2]，奪其魁[3]，以解其體。龍戰於野，其道窮也[4]。

【譯文】

摧毀敵人的主要力量，抓獲敵人的首領，就可以使敵人陷入崩潰的境地。就像是龍離開水來到陸地上戰鬥，就會陷入窮途末路的境地一樣。

❶摧：摧毀。
❷堅：主要的力量。
❸魁：首領。
❹龍戰於野，其道窮也：出自《易經・坤卦》。指龍離開水而來到陸地上戰鬥，就會陷入窮途末路的境地。比喻擒賊擒王的威力。

【歷史再現】

明英宗土木堡被擒

西元一四三六年，明英宗朱祁鎮登基。他登基後，十分寵信大太監王振，使得王振在朝廷內外的勢力越來越大，連英宗也對他言聽計從。

西元一四四九年，蒙古瓦剌部首領也先率軍攻打大同府，對明朝的統治產生威脅。王振認為瓦剌部會被明朝輕易打敗，想要炫耀武力、名垂青史，所以勸說英宗御駕親征。英宗年少氣盛，便不顧朝中大臣的反對，決定御駕親征。英宗調集了五十萬大軍，在糧草還沒有準備充足的情況下就出征了。

一路上接連下了幾場大雨，使得道路變得泥濘不堪，加上士兵吃不飽飯，士氣低下，所以行走得非常緩慢。前方戰敗的消息不斷傳來，大臣們都很害怕，勸說英宗返回京城。王振不僅不准，還下令急行軍趕往大同。

王振原本以為只要英宗率大軍趕到，也先一定會感到害怕，到時候也許可以不戰而勝。但當大軍行到大同附近的時候，看到被也先殺得屍橫遍野的明軍，英宗和王振害怕了，於是決定撤軍。也先也得知了明軍撤退的消息，他怎麼會放過這麼好的機會，於是他就帶兵追擊。

英宗原本能夠順利返回京城的，但由於王振多次亂改撤退路線，導致明軍撤退到懷來城外的土木堡[5]時，被也先的軍隊包圍。土木堡地勢高，附近沒有水源，距離最近的水源被也先佔據了。此時的明軍又渴又餓，軍心不穩。

這種情況下，也先想了一個計策。他先派人假意向英宗求和，英宗接受之後，也先讓開道路放明軍去喝水。明軍得知有水喝，便爭先恐後地向水源地衝去，沒有半點的防備。這時候，也先的部隊突然向明軍發動攻擊，明軍猝不及防，全軍覆沒。明英宗被俘虜，大太監王振和明朝很多大臣被殺。

也先抓到英宗後，如獲至寶。藉口讓明朝贖回英宗，騙了明朝萬兩黃金。以後每次侵犯邊疆，都以英宗為人質，取得了巨大的利益。直到明朝另立新帝，英宗對也先沒有用處了，才被放回。

明英宗是大明朝的核心人物，也先「擒賊擒王」，抓住了明英宗，不僅取得了這一次戰爭的勝利，還為後來多次入侵明朝取得了重要的護身符。

---

❺【土木堡】位於現在的河北省懷來縣土木鎮境內，明英宗在此處被生擒。

第十九計　釜底抽薪

【原文】

不敵[1]其力[2]，而消[3]其勢[4]，兌下乾上之象[5]。

【譯文】

不直接攻打敵人實力最強的地方，而是通過削弱敵人的力量來源，達到戰勝敵人的目的。這就是以柔克剛的意思。

---

❶敵：動詞，攻打。
❷力：實力最強的地方。
❸消：削弱。
❹勢：力量來源。
❺兌下乾上之象：出自《易經・履卦》。兌爲陰卦，是柔的意思；乾爲陽卦，是剛的意思。兌下乾上，就是以柔克剛。

【歷史再現】

曹操火燒烏巢

東漢末年，群雄並起，軍閥混戰。西元二〇〇年，佔據冀、青、幽、并四州的袁紹為了爭奪中原，起兵十萬，南下攻打曹操。曹操當時只有兩萬人馬，他先用聲東擊西的計策斬殺了袁紹手下大將顏良和文醜，而後與袁紹在官渡對峙。

曹操與袁紹對峙了幾個月，糧草越來越少。無奈只好減少每天對士兵的供應。士兵們每日在前方苦戰，戰後卻吃不飽飯，十分憤怒，有的已起了造反之心。曹操無奈，只好殺了軍糧官來平息士兵的憤怒，並保證不會再剋扣士兵的軍糧。面對支撐不了幾日的軍糧，曹操十分著急。

一日，曹操從抓到的袁軍探子手中得知袁紹的部將押送了幾千車的糧食，過幾日就會抵達官渡。原來，袁紹所佔據的冀州富庶，供應十萬大軍仍很充足，糧食正在源源不斷地從後方向官渡運來。曹操見自己的軍糧要沒了，也不想讓袁紹有軍糧，於是派人劫了袁紹的軍糧。袁紹害怕曹操再劫自己的軍糧，於是就把所有的軍糧全屯在了距離官渡不遠的烏巢[9]，並派大將淳于瓊帶領一萬人馬駐守。

一天，袁軍抓住了一個曹操派往許昌的催糧官，得知了曹操軍糧不濟的消息。謀士許攸急忙面見袁紹，對他說：「如今曹操糧草匱乏，許都又兵力空虛，不如我們兩路夾擊，攻打曹操後方，一定可以打敗曹操。」卻見袁紹冷冷地說：「你還是先管好你的家人吧，要不然我怕我的後方空虛。」原來，之前有人寫信告許攸的家人在鄴城[7]違法受賄，袁紹已經下令把他們抓了起來。

許攸想解釋一下，但是袁紹根本不聽，並把許攸趕出了大帳。許攸對袁紹的做法十分憤怒，心想：「我許攸和你袁本初（袁紹字）從小就是好朋友，也一直為你能夠統一天下而積極出謀劃策，如今卻因為一點小事連我的家人都不放過。當初田豐就是因為說了你不愛聽的話就被你殺了，說不定哪天我也會被你殺死。既然這樣，那就不要怪我心狠了。」於是許攸在離開袁紹的營帳之後，直奔曹營而去，投奔了曹操。

曹操聽說許攸來投，十分高興，連鞋都沒顧上穿就出門迎接，這讓許攸很是感動。許攸覺得既然是來投奔曹操，就應該帶點禮物，便問曹操：「你們營中的軍糧還能吃多長時間？」曹操說：「堅持一年沒什麼問題。」許攸早就知道曹操軍糧不足，於是說：「恐怕沒那麼多吧。」曹操又說：「還能堅持半年。」許攸說：「我真心來投奔你，你卻不和我說實話。既然這樣，那我就先走了。」曹操見許攸生氣了，趕忙說：「不敢瞞先生，軍中糧食只夠支撐半個月了，先生可有妙計？」許攸說：「袁紹如今把糧食都屯在距離官渡不遠的烏巢，只要能夠偷襲烏巢成功，不僅可以解決掉軍糧缺少的困難，還可以使袁紹的軍隊不戰自敗。」曹操聽了連連向許攸表示感謝。

第二天，曹操令曹洪、荀攸防守大營，親自帶著五千人馬，穿著袁軍的衣服，偷偷直奔烏巢而去。烏巢的守將淳于瓊是個酒鬼，每天都要喝得大醉才要睡，根本沒有仔細布置過烏巢的防守。曹操到達烏巢後，見防守鬆懈，便直接殺了進去，搶了部分糧食後，就放火燒了烏巢。淳于瓊驚醒，連忙派人向袁紹報告。

袁紹聽說烏巢被燒，連忙召集手下商議。張郃認為，應該全力去救援烏巢，否則士兵沒有糧食的話就無力再戰。但謀士郭圖卻認為，曹操既然去偷襲烏巢，那他的大營定然空虛，只要派兵攻破曹操大營，那曹操必敗。袁紹聽了郭圖的建議，只派了部將蔣奇帶一萬人馬去救援烏巢，派大將張郃、高覽帶大隊人馬去襲擊曹操的大營。

曹操偷襲烏巢成功後，並沒有直接回到大營，而是直奔袁紹大營而去。在半路上遇到了蔣奇的援軍，蔣奇在戰鬥中被曹操部將張遼斬於馬下，袁軍全軍覆沒。而去偷襲曹營的張郃

---

❻【烏巢】漢代地名，因曹操夜襲烏巢焚毀袁紹軍糧而聞名。地址在現在的河南省延津縣境內。

❼【鄴城】古代著名都城，春秋齊桓公時開始修築。歷史上曹魏、後趙、冉魏、前燕、東魏、北齊先後以此地為都城，後在北周時被楊堅焚毀。

和高覽，卻中了埋伏，被殺得大敗。由於怕回去受到袁紹的懲罰，二人便投降了曹操。而曹操也趁機攻破了袁紹的大營。

此時已接近冬天，袁紹雖然還有數萬士兵，但是由於軍糧被燒，大營被奪，袁軍只能餓著肚子露宿於荒野。無奈，袁紹只能收兵。從此，曹操也開啟了他統一北方的道路。

有句話叫「兵馬未動，糧草先行」，可見在戰爭時期糧草對一支部隊的重要性。在古代戰爭中，糧草就是軍隊戰鬥力的重要來源，糧草充足的部隊，戰鬥時才能發揮出全部的力量。曹操與袁紹在官渡對峙，在兵力上的差距是巨大的。如果讓他們正面決戰，就算是給曹操再多的機會他也不能獲勝。所以，他出其不意地燒了袁紹的屯糧之地烏巢，採用「釜底抽薪」的方法使袁紹的士兵不能發揮出全部的實力，甚至失去了戰鬥的勇氣，最終曹操獲得了勝利。

第二十計　渾水摸魚

【原文】

乘其陰❶亂，利其弱而無主❷。隨，以向晦入宴息❸。

【譯文】

趁著敵人內部混亂的時候，利用敵人虛弱並且沒有主導的弱點，使敵人聽從我方的擺布，就像人要按照日出而作，日落而息的規律生活一樣，不能隨意改變。

❶陰：內部。

❷無主：沒有人主導。

❸隨，以向晦入宴息：出自《易經．隨卦》，指就像人要按照日出而作，日落而息的規律生活一樣，迫使敵人隨從我方的意志。

【歷史再現】

劉備趁亂奪南郡

曹操在赤壁之戰失敗以後，暫時退回北方。但是，他害怕孫權派兵北上，於是他命曹仁為南郡太守，駐紮南郡，防止孫權北上。南郡的地理位置十分重要，所以劉備和孫權都想得到。孫權已命周瑜率兵北上攻打南郡，而劉備也屯兵油江口，死死盯著南郡。

劉備知道自己的實力較弱，便派人對周瑜說祝願他順利攻下南郡。周瑜不知道劉備的用意，就在第二天和劉備見了面。周瑜直截了當地問劉備：「你現在把士兵都屯駐在油江口，是不是打算攻打南郡？」劉備知道周瑜心高氣傲、十分自負，故意說：「我實力弱小，怎麼可能攻得下南郡，我是來助大都督一臂之力的。但是如果大都督不能攻下南郡，那我可就去攻打了。」周瑜大笑：「我軍士氣正旺，攻下南郡指日可待，你沒有機會了。」劉備說：「南郡太守曹仁乃曹操心腹，作戰勇猛，大都督要是輕敵，還真不一定能攻下南郡。」周瑜一聽就怒道：「要是我打不下南郡，你只管去取。」劉備心中大喜，他等的就是這句話，就說：「大都督可不能反悔啊，這麼多人都聽見了，如果大都督打不下南郡，那我可就要攻打了。」周瑜暗笑：「你就等著看我打下南郡吧。」周瑜走後，諸葛亮建議劉備先不要參戰，等周瑜和曹仁戰鬥的結果。

周瑜發兵攻打南郡。開始的時候，周瑜勝了幾仗，就在他乘勝追擊的時候，卻中了曹仁的誘敵之計，身中毒箭，只好回營養傷。曹仁得知周瑜受傷，非常高興。他已經想著拿周瑜的頭去向曹操邀功請賞了。於是他每天到周瑜營前叫陣，但周瑜並不出戰。一天，他又親自叫陣，這次周瑜出來應戰了。雙方混戰在一起。戰了一會兒，周瑜突然大叫一聲，一口血從口中噴出，然後倒在了馬下。手下士兵連忙把周瑜抬回營中。不久後，曹仁得到消息，說周瑜箭傷發作，不治身亡。曹仁覺得此時敵人群龍無首，正是偷襲的好機會。只要成功，一定可以立下大功。

當天晚上，曹仁留下了陳矯帶少數兵馬防守南郡，自己則帶著大隊兵馬殺向了周瑜的大營。衝進大營之後，曹仁發現營中空無一人，才明白自己上當了。原來周瑜並沒有死，這些都只是他為了欺騙曹仁所設的計策。就在這時，周瑜帶著人馬從四面八方衝過來，包圍了曹仁。經過一番苦戰之後，曹仁才帶著殘兵向北逃去。

周瑜勝利後，馬上帶著人馬來到了南郡。可是到了南郡後，發現南郡的城牆上掛著的全是劉備的旗幟。原來，就在曹仁和周瑜激戰正酣的時候，劉備手下趙雲已經偷偷帶人攻下了南郡。周瑜更不能接受的是，劉備還利用了曹仁的兵符，冒充曹仁拿下了荊州和襄陽。周瑜大罵劉備無恥，甚至氣昏了過去。

「渾水摸魚」，就是要求在亂中取勝。兩個敵對勢力激戰，必然是混亂的，雙方的主要精力也肯定都集中在戰場上。劉備就是利用了曹仁和周瑜發生激戰的機會，利用戰鬥時雙方混亂、無暇顧及自己的時機，成功地「渾水摸魚」，拿下了南郡。

第二十一計　金蟬脫殼

【原文】

存其形❶，完其勢❷；友不疑，敵不動。巽而止，蠱❸。

【譯文】

保存現有完整的地形，保持住現在的氣勢和陣勢；使友軍不產生懷疑，敵人也不敢輕舉妄動。就是要在表面上隱藏真正的企圖，迷惑敵人，然後在暗地裡行動。

❶形：地形。

❷勢：氣勢，陣勢。

❸巽而止，蠱：指《易經・蠱卦》。指隱藏眞正的企圖，迷惑敵人，然後暗中行事。

【歷史再現】

畢再遇懸羊擊鼓

南宋寧宗開禧年間，宋朝與金國多次交戰。當時南宋將領與金國交戰大多數都會失敗，只有一個人總是能夠戰勝金軍，那就是畢再遇[4]。因此，金軍對畢再遇恨之入骨。西元一二〇六年，畢再遇再次和金軍相遇。為了徹底消滅畢再遇，金軍調集了數萬精銳兵馬，並且還在不停增兵。此時畢再遇只有幾千人馬，寡不敵眾，要是和金軍發生決戰的話他必敗無疑。為了能夠保存實力，畢再遇審時度勢，決定撤退。

但是兩軍對壘，金軍怎麼可能讓畢再遇輕易就退走呢。一旦退走，金軍一定會追擊，到時候以金軍騎兵的優勢，畢再遇肯定走不掉。所以，他為了想一個能夠成功撤退還不被發現的計策，傷透了腦筋。忽然有一天，他坐在大帳中聽見外面有馬蹄聲傳來，於是計上心頭。

金軍的營寨和宋軍相距很近。當天夜裡，金軍突然聽到宋軍營寨響起了鼓聲。金軍以為宋軍在鼓舞士氣，準備夜襲，於是連忙集合隊伍，準備迎敵。可等了半天也不見一個宋兵前來偷襲，但是鼓聲卻還在繼續。這邊金軍被折騰得疲憊不堪，金軍統帥只好說這就是宋兵想要的結果，我們一定不能上當，大家全當沒聽見就是了。就這樣過去了幾天，金兵聽見宋軍那邊傳來的鼓聲越來越弱了。金軍首領就認為一定是宋軍疲憊了，沒有力氣再敲鼓。既然這樣，那麼宋軍現在一定是士氣低下，正是進攻的好機會。於是他迅速召集兵馬，分幾路向宋軍大營包抄過去，企圖圍殲宋軍。

當金兵慢慢接近宋軍大營的時候，他們發現宋軍周邊毫無防範，大營內部也沒有絲毫反應。衝進宋軍營地後金兵傻眼了，營地裡除了旗幟還在之外，空無一人，宋軍早就沒影了。

既然營地內沒有一個人，那麼鼓聲從哪來的呢？原來，畢再遇聽見馬蹄聲之後，想到可以用鼓聲來震懾金軍，使金軍不能輕易進攻，然後自己帶人悄悄撤走就可以了。於是，他讓人找來十幾隻羊，倒掛在樹上，然後再找來十幾面鼓固定在羊腿下，羊受到驚嚇就會拼命蹬腿，這樣就使得宋軍營地中不斷傳出了鼓聲。

畢再遇用「金蟬脫殼」的方法達到了撤軍的目的：他在撤退的時候，保持了營地的完整，並且通過懸羊擊鼓成功地迷惑了金軍，最終在暗地裡撤退成功。

---

❹【畢再遇】字德卿，早年曾經受到宋孝宗召見，由於性格慷慨激烈，所以官職一直得不到提升。直到開禧北伐，年近六十的畢再遇奉命出征，多次取得對金國的勝利。

第二十二計　關門捉賊

【原文】

小敵困❶之。剝，不利有攸往❷。

【譯文】

對於弱小的敵人，要把他們圍困住，之後再消滅。如果讓敵人跑了，就不利了。

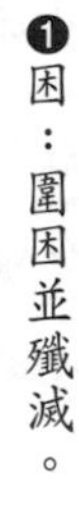

---

❶困：圍困並殲滅。

❷剝，不利有攸往：剝出自《易經・剝卦》，指萬物凋零之象。意思爲不利於急追遠趕。

【歷史再現】

黃巢反攻長安城

西元八八〇年，黃巢[3]軍攻下東都洛陽後沒有停留，繼續揮兵西進，攻下了潼關[4]，直奔唐朝都城長安而去。唐僖宗見黃巢軍無法阻擋，便帶著文武大臣離開長安，逃到了成都。西元八八一年一月，黃巢軍攻佔了長安。

黃巢帶領軍隊進入長安後，並沒有乘勝追擊去消滅唐僖宗，而是建立了大齊政權，做起皇帝，開始了安逸、享樂的生活。唐僖宗因此獲得了喘息和休整的機會。因此，他到達成都後就開始訓練士卒，調動軍隊，作著反攻長安城的準備。

西元八八二年，唐僖宗在沙陀族[5]首領李克用的幫助下，開始反攻長安。唐軍節節勝利，相繼攻克多個城鎮，目標直指長安城。此時的唐軍，早已經被勝利沖昏了頭腦，他們已

---

[3]【黃巢】唐末民變領袖。

[4]【潼關】位於陝西省渭南市潼關縣北，北臨黃河，南踞山腰，地勢險要。潼關是關中的東大門，歷來爲兵家必爭之地。

經不把黃巢軍放在眼裡了，打算一鼓作氣攻下長安城。黃巢見長安形勢危急，忙與眾將商議對策。鑑於敵眾我寡的情況，黃巢決定不能和唐軍硬拼，而是要以退為進，先退出長安城並保存實力，之後再找機會反攻回來。

不久，黃巢軍秘密撤出長安，駐軍於長安附近的霸上。唐軍兵臨長安城下後，沒有發現黃巢帶人迎戰，於是便開始攻城。唐軍輕而易舉就殺進了長安城。此時他們才發現，城內的黃巢軍全部消失了。唐軍志得意滿、欣喜若狂。

由於黃巢軍進入長安時給百姓分了錢糧，所以老百姓很擁戴黃巢軍。唐軍見黃巢軍都撤走了，便開始對老百姓燒殺搶掠，飲酒作樂，歡慶勝利。長安城內被唐軍搞得一片混亂，百姓怨聲載道。

駐紮在長安城外的黃巢探聽到長安城內的唐軍並沒有任何防備，覺得時機到了，於是帶著人馬火速回軍長安，把長安城包圍得水洩不通。此時唐軍一個個喝得醉醺醺的，口袋裡還滿載著搶來的金銀財寶，哪還有心思戰鬥？黃巢軍不費吹灰之力就進入長安城，殺得唐軍屍橫遍野，很快就重新佔領了長安城。

士兵數量的多少並不是影響軍隊戰鬥力大小的主要因素，士兵力量的發揮程度才是真正的主要因素。

唐軍雖然遠遠多於黃巢軍，但是黃巢根據唐軍接連勝利、驕傲自滿的情況，以長安城為誘餌行「關門捉賊」之計，通過金銀珠寶、美酒美食削弱了唐軍的戰鬥力，最終包圍並消滅唐軍，反攻長安成功。

---

❺【沙陀族】原是西突厥一部，祖先爲北匈奴，因其居住地有大沙丘而得名。唐末時部落首領朱邪赤心因平叛有功而被賜姓爲李。

第二十三計　遠交近攻

【原文】

形禁勢格❶，利從近取，害以遠隔❷。上火下澤❸。

【譯文】

如果地理條件和形勢發展受到限制和阻擋，那麼先攻打距離近的敵人是有利的，而越過近的去攻打距離遠的敵人是不利的。就像火往上燒，水往下流一樣，雖然雙方有矛盾，卻可以暫時和平相處。

❶形：地形。禁：限制。格：阻擋。

❷利從近取，害以遠隔：指先攻打近的敵人有利，而越過近的去攻打遠的敵人不利。

❸上火下澤：出自《易經・睽卦》。意思是就像火向上燒，水往下流一樣，雙方是矛盾的，卻可以暫時和平相處。

【歷史再現】

范雎獻策滅六國

戰國末期，形成秦、齊、楚、燕、韓、趙、魏七雄爭霸的局面。其中，秦國在經過商鞅變法之後，實力發展最快。西元前三〇五年，秦昭王繼位，他繼位後便開始圖謀侵吞其他六國，統一天下。

西元前二七〇年，秦昭王準備興兵伐齊。這時候，有一個叫范雎的魏國人來求見他。秦昭王求賢若渴，便接見了范雎。范雎見到秦昭王，對他說：「聽說大王準備興兵攻打齊國，難道大王要斷送秦國的前程嗎？」秦昭王很不理解，便問范雎：「為了統一天下，我必須滅掉其他六國。如今齊國實力強大，只要我滅掉齊國，那其他國家不就手到擒來了，我先滅齊國有什麼錯呢？」范雎說：「秦國與齊國並不相鄰，秦國要攻打齊國就要越過韓國和魏國。齊國實力強大，如果軍隊派的少了，恐怕很難取勝。即便能夠把齊國打敗，到時候中間隔著韓國和魏國，兩邊又不能相連，打下來又有什麼意義呢？大王難道忘記了，當年齊國越過韓國和魏國去攻打楚國，雖然打下了楚國的大片土地，卻全被韓國和魏國瓜分了，自己受到了損失，還幫助別人擴大了地盤，這就是因為齊國和楚國距離遠且不相鄰的緣故啊。依我看，大王想要統一六國，應該採取遠交近攻的政策。」

秦昭王覺得范睢說得有一定道理，便問：「那遠交近攻又是什麼樣的政策呢？」

范睢回答道：「遠交就是說要與距離遠、不相鄰的國家交好，訂立同盟關係，這樣使他們不能干涉我們的軍事行動，減少與我們敵對的力量；近攻就是抓緊機會和時間進攻周圍相鄰的國家，利用遠交所帶來的便利，一點點擴大地盤。大王只要堅持遠交近攻的政策，先攻打相鄰的韓國、魏國，再攻打趙國、燕國，最後再攻打楚國、齊國，這樣先近後遠，一點點進行，保證大王用不了多久就能吞併六國，統一天下。」

秦昭王聽後十分高興，拉著范睢的手說：「我以後就聽先生的了，先生一定要幫助秦國吞併其他六國，統一天下。」於是，便任命范睢為相，同時撤回準備攻打齊國的軍隊，轉而攻打魏國。

後來，秦國就是按照范睢「遠交近攻」的政策，一步一步蠶食周邊國家的領土，不斷地擴大自己的地盤，實力變得越來越強大。一直到後來，秦始皇滅掉六國、統一天下，也是按照遠交近攻的政策，先交好齊國、楚國，先攻下韓國、魏國；然後從兩側包抄，滅亡趙國、燕國；統一北方之後攻打楚國，平定南方；最後才消滅齊國，統一天下。

「遠交近攻」的根本目的就是分化和防止敵人結成聯盟，以達到各個擊破的目的。

第二十四計　假道伐虢

【原文】

兩大[1]之間，敵脅以從，我假[2]以勢。困，有言不信[3]。

【譯文】

處在敵我兩個大國之間的小國，當敵方脅迫這個小國屈服的時候，我方正可以利用這個機會去援助小國，藉機來擴大自己的勢力。對於處在困難中的國家，光說出兵援助，而不付諸行動，是不會被相信的。

---

❶大：大國。

❷假：借，利用。

❸困，有言不信：出自《易經．困卦》。意思是，對於處在困難中的國家，光說援助而不付諸行動，是不會被相信的。

【歷史再現】

假道伐虢

春秋時期，晉國經過不斷發展，實力逐漸壯大。到晉獻公時，為了繼續擴大自己的地盤，他打算吞併與晉國相鄰的兩個小國；虢國❹和虞國❺。但是這兩個小國的關係不錯，一個受到攻擊另一個必定會前來援助。晉獻公認為同時攻打兩個國家比較困難，於是找來大臣荀息商量對策。

荀息說：「大王若攻打虢國，如果虞國援助他們，我們該怎麼辦呢？」晉獻公說：「我也知道這一點，但是當年我們晉國內部發生叛亂的時候，虢國就曾派人來搗亂。如今不消滅他們，我怕給子孫後代留下禍患啊。」荀息說道：「大王不必擔心，我有辦法可以讓虢國和虞國不再互相援助。只是希望大王能捨得一些東西。」晉獻公忙問：「需要什麼東西呢？」荀息說：「一匹千里馬和一些名貴的美玉。」晉獻公不解，荀息說：「我聽說虞國國君是一個貪得無厭的人，只要送給他寶物，再提什麼要求他都會答應的。我們把寶物送給虞國國君，然後讓他借道給我們去討伐虢國，同時不出兵援助，他一定會同意。況且我們的寶物只是暫時放在虞國，只要我們消滅虢國之後再消滅虞國，寶物還是我們的。」晉獻公同意了這個計策，便派人把寶物送給了虞國國君，並趁機提出了要求。

虞國國君得到了寶物之後，對於晉獻公的要求一口答應了下來。

緊接著，晉國開始製造各種事端與虢國發生衝突。最終，晉國終於有藉口討伐虢國了，於是向虞國國君借道。虞國國君同意了，但是大臣宮子奇卻反對，他說：「虞國與虢國如同嘴唇和

虞國國君得到了寶物之後，對於晉獻公的要求一口答應了下來。

❹【虢（ㄍㄨㄛˊ）國】西周初期的諸侯封國，後被晉國所滅。

❺【虞國】西周初期的諸侯封國，位於中條山脈最低平最開闊之處的古城村。西元前六五五年被晉國所滅。

牙齒，唇亡則齒寒，一旦晉國消滅虢國，那麼下一個就是我們虞國了，因此不能借道給晉國。」但是虞國國君卻說：「我現在借道給晉國是在和晉國交好，就算晉國滅掉了虢國，又怎麼會攻打借道給他們的朋友呢？再說，我已經收了禮物，要是出爾反爾得罪了晉國，到時候沒等虢國滅亡，我們就先被消滅了。」

晉國大軍通過虞國的道路進軍，很快就打敗了虢國。晉軍得勝歸來路過虞國時，把在虢國掠奪的金銀財寶分一半給虞國。虞國國君十分高興。這時候，晉國一名大將說自己生了病，希望可以帶著軍隊在虞國都城附近駐紮幾天。虞國國君正在興頭上，便同意了這個要求。過了幾天，虞國的國君出城打獵。出城之後，卻發現城中突然起火。等到他回去看發生什麼情況時，又突然出現了晉國士兵把他抓住。此時，虞國的都城早已被晉國軍隊裡應外合拿下了。

就這樣，晉國又滅了虞國，晉獻公也成功拿回了自己的寶物。

晉獻公「假道伐虢」，「伐虢」並不是真正的目的，真正的目的是利用「假道」的機會把自己的勢力插入到虞國去，並不讓其產生懷疑，最後把虞國和虢國一起吞併掉。

第二十五計　偷梁換柱

【原文】

頻更其陣❶，抽❷其勁旅，待其自敗，而後乘之，曳其輪也❸。

【譯文】

頻繁變動盟友的陣勢，抽調盟友的主力部隊，等到盟友自己潰敗了，就趁機吞併。就像要控制車輛的行走，就必須先控制住它的輪子一樣。

❶更：變動。其：這裡都指盟友或盟軍。
❷抽：抽調。
❸曳其輪也：出自《易經・既濟卦》。意思是要想控制住車輛行走，就必須先控制住它的輪子。曳，拖住。

【歷史再現】

趙高改遺詔

西元前二二一年，秦王嬴政消滅六國，建立秦朝，自稱始皇帝。秦始皇有兩個兒子，長子扶蘇，為人仁義、正派，且與軍中大將蒙恬等關係很好，有很高的威望。幼子胡亥，年紀還小，很受秦始皇疼愛，卻被秦始皇身邊的寵臣趙高教唆得只知道吃喝玩樂。趙高是秦始皇身邊最受信任的太監，經常仗勢欺人，而且為人陰險

一天趙高來見李斯，對李斯說：「皇上去世前寫了一份遺詔在我這裡。」

奸詐，因此很不受扶蘇喜歡。秦始皇自認為身體還很好，所以並不急於立太子。

秦始皇統一中國後，當時的嶺南地區雖說名義上沒有能和秦始皇相抗衡的勢力，但是秦始皇卻不能對這一地區進行有效地統治。為了鞏固秦朝的統治，同時宣揚武力，穩定天下，秦始皇進行了多次南巡。

西元前二一〇年，秦始皇第五次南巡的時候，突然病倒在路上。秦始皇感覺自己可能沒有機會回到咸陽了，於是召見掌管玉璽和負責草寫詔書的趙高，立遺詔命扶蘇為太子繼承皇位，並讓蒙恬掌管軍隊，輔佐扶蘇。秦始皇命令趙高火速派人把遺詔送到扶蘇那裡，但趙高想到扶蘇一直厭惡自己，害怕扶蘇繼承皇位之後對自己不利，就沒有把遺詔發出去。

不久，秦始皇病死。但是因為秦始皇沒有立太子，丞相李斯[4]怕秦始皇去世的消息會導致天下大亂，所以暫時隱瞞消息，打算等見到大皇子扶蘇之後再作打算。李斯並不知道趙高私自藏匿了立扶蘇為太子的遺詔。

一天，趙高來見李斯，對李斯說：「皇上去世前寫了一份遺詔在我這裡。」李斯說：

---

[4]【李斯】著名的政治家、文學家和書法家，秦朝丞相。秦統一之後，他主張實行郡縣制、廢除分封制，提出並且主持了文字、車軌、貨幣、度量衡的統一。後來他被趙高所殺。他的政治主張的實施，奠定了中國兩千多年政治制度的基本格局。

「你怎麼能私藏遺詔，這可是殺頭的大罪啊。」趙高說：「我這可全都是為了丞相你和我的性命著想。皇上遺詔命扶蘇繼承皇位，蒙恬掌握兵權。如果扶蘇當上了皇上，他一定會把我殺掉的。而你和蒙恬有矛盾，如果蒙恬登上高位，掌握實權，那麼丞相到時候也自身難保啊。」李斯聽後，覺得趙高說得很有道理，便說：「皇上駕崩的事是瞞不住的。皇上死了，如果沒有遺詔，那麼就一定會是大皇子扶蘇繼承皇位，到時候你藏著遺詔也沒用。」趙高說：「所以現在只有一個辦法，那就是我們聯合改掉詔書。胡亥年紀還小，對我言聽計從，便於控制，不如我們讓他當皇帝，到時候我們不但不會有生命危險，權力還會變得越來越大。」李斯動心了，於是他們合謀改了遺詔，立胡亥為太子，繼承皇位，賜死了扶蘇和蒙恬。

秦始皇的遺詔本來是讓扶蘇繼承皇位，可是趙高卻害怕扶蘇對自己不利，於是利用「偷梁換柱」的手法，偷偷改掉秦始皇的遺詔，除掉可能對自己不利的大皇子扶蘇，輔佐胡亥登上了皇位，使秦朝慢慢走向宦官專權的道路，並走向滅亡。

第二十六計　指桑罵槐

【原文】

大凌❶小者，警❷以誘之。剛中而應，行險而順❸。

【譯文】

實力強大的人想要控制實力弱小的人，就要用警告的方法來誘導他。就是說，採用強硬的手段，就會得到別人的擁護；採用狡詐的手法，就會得到別人的順從。

❶凌：控制。
❷警：警告。
❸剛中而應，行險而順：出自《易經・師卦》。意思爲採用強硬手段，就會使人擁護；採用狡詐的手法，就會讓人順從。

【歷史再現】

田穰苴斬監軍

春秋末期，齊國國力較弱，經常被鄰國侵犯。齊景公初年，齊國鄰國晉、燕聯合起來入侵齊國，齊國軍隊連戰連敗，一時無法抵擋。為了打退入侵者，齊景公開始努力訓練軍隊。但是軍隊有了，卻沒有可以指揮軍隊的大將，為此齊景公很是苦惱。

後來，齊景公聽說田穰苴[4]有大才，可以為將，於是便召見了他。但是，當齊景公與田穰苴第一次見面時，發現田穰苴舉止粗俗，齊景公便覺得田穰苴不是自己要找的人。然而，一番交談之後，齊景公卻深深被田穰苴的才氣所折服，於是，齊景公就任命田穰苴為大司馬，負責訓練士兵並打退晉、燕聯軍。

田穰苴知道自己不是貴族出身，在軍中沒有資歷，恐怕沒有人會聽從於他，便對景公說：「微臣不過是個卑賤小民，既然大王信任我，那我就當這個大司馬。可是我出身低微，又沒有證明過自己的能力，恐怕軍隊上下都不能服從我啊。不如請大王派一位德高望重的大臣做監軍[5]，這樣就不會有人反對了。」齊景公也覺得他說的有道理，於是便派了自己的親信大臣莊賈做監軍。

田穰苴邀請莊賈第二天上午到軍營訓練兵馬，莊賈不以為然，隨便答應了一下。此時的莊賈還沉浸在當上監軍的喜悅中，哪裡有心思搭理田穰苴這個鄉巴佬。

第二天，莊賈家裡從上午開始就賓客如雲，這些人都是來祝賀他當上監軍的。由於莊賈很得齊景公信任，所以賓客們對他也是百般奉承，不知不覺莊賈就被捧得飄飄欲仙了。可是他不知道，此時田穰苴已經在軍營等了他一上午。田穰苴見過了中午莊賈還沒來，便獨自領著士兵開始訓練了。

莊賈喝醉了，送走賓客後他就睡著了。這一睡，一直就到了太陽落山。醒酒之後，莊賈突然覺得好像有什麼事忘記做了，這才猛然想起，自己把和田穰苴約定一起訓練兵馬的事給忘了。於是，他不慌不忙地乘車趕往軍營。

等他趕到軍營時，訓練早已結束，田穰苴正在給士兵訓話。看到莊賈過來了，田穰苴問他：「莊監軍怎麼這麼晚才到，我們約定的是中午吧？」莊賈說：「聽說我當上監軍，朝中大臣都來給我祝賀，一時激動就喝了點酒，所以才到得晚一點。」田穰苴說：「我們約定在

---

❹【田穰苴（ㄖㄤˊ ㄐㄩ）】戰國時期著名軍事家，曾率齊軍擊退晉、燕入侵之軍，官至齊國大司馬，後因齊景公聽信讒言而被罷黜，抑鬱發病而死。

❺【監軍】監督軍隊的官員。古代監軍大多是臨時派遣，主要負責督察將帥，並且代表朝廷協理軍務。

中午見面，你卻在太陽落山才來，這只是晚一點嗎？現在晉國和燕國正在侵犯我國領地，你今天晚一點，明天晚一點，也許用不了幾天我國的土地和百姓就都成了別國的了。況且，你既是監軍，當然要服從軍令。」莊賈仗著自己是景公親信，便說：「我就是晚了，你又能怎麼樣？」

田穰苴不再理會他，當著群體士兵的面，大聲問軍法官：「莊監軍無故遲到，違抗軍令，按照軍法應該怎樣處置？」軍法官大聲回答道：「按律當斬。」於是，田穰苴命令士兵把莊賈抓了起來。莊賈剛開始還不以為然，可是看田穰苴真的把他抓了就害怕了，於是趕緊找人向齊景公報告。莊賈的使者剛走，田穰苴就以莊賈違抗軍令之名把他殺了。

不一會兒，齊景公派來的使者騎馬到了，看到莊賈早就身首異處。使者大怒，質問田穰苴：「沒有經過大王的允許，你就敢把莊監軍殺了，你就不怕大王殺了你？」田穰苴回答：「這裡是軍營，我是這裡的最高長官。莊監軍違反軍令，無故遲到，按照軍法就該斬首，即使是大王也不能管。」突然又轉身問軍法官：「軍營之中不經允許可以騎馬麼？」軍法官回答說：「不可以。未經允許在軍營縱馬，按律當斬。」使者嚇壞了。這時又聽田穰苴說：「不過他是大王派來的，我們也不能為難他。既然是馬匹帶著他在軍營內走動，那就把他的馬斬了吧。」於是，使者只能自己走回去見齊景公了。

使者見到齊景公之後把事情說了一遍，齊景公覺得田穰苴軍紀嚴明，正是齊國需要的大將軍。而士兵們覺得田穰苴連皇上的親信監軍都敢殺，更別說他們了，所以都很懼怕田穰苴，沒有人敢不聽話。而且，田穰苴還和士兵同吃同住，並把自己的東西分給士兵們，使得齊軍上下一心，士氣高昂。

後來，田穰苴帶著軍隊，把晉、燕聯軍打得節節敗退，乘勝收復了許多失地，並使齊國的軍力逐漸地強大起來。

「指桑罵槐」作為謀略，是上級威懾下級、樹立威信的手段，可以通過旁敲側擊、殺雞儆猴、敲山震虎等多種手段來實現。田穰苴當上司馬後，為了使士兵服從而殺了監軍莊賈和齊景公使者的馬匹，就是用了「指桑罵槐」的謀略。他通過事先設計，成功地在士兵面前斬殺監軍莊賈和使者的馬匹，起到了殺一儆百的效果，從而讓士兵產生畏懼，服從他的領導。

第二十七計　假癡不癲

【原文】

寧僞作不知不爲❶，不僞作假知妄❷爲。靜不露機，雲雷屯也❸。

【注釋】

【譯文】

寧願裝作什麼也不知道而不去行動，也不要裝作什麼都知道而輕舉妄動。要沉著冷靜深藏不露，就像雷電往往隱藏在雲層後面等待時機一樣。

---

❶爲：行動。

❷妄：輕舉妄動。

❸靜不露機，雲雷屯也：出自《易經・屯卦》。意思是要沉著冷靜，深藏不露，就像雷電往往隱藏在雲層後面等待時機一樣。

【歷史再現】

煮酒論英雄

東漢末年，曹操「挾天子以令諸侯」，使得漢獻帝對曹操又怕又恨，再加上一些漢室老臣的慫恿，也讓漢獻帝時時刻刻都想除掉曹操，重新掌握大權。建安四年，漢獻帝親手書寫了血詔「糾合忠義之士，消滅曹操奸黨」，並由國舅董承帶出皇宮，秘密尋找志同道合的人士。董承出宮後，糾集了左將軍劉備、西涼太守馬騰等七人，以血詔盟誓，定下了「為國除奸」的盟約。

由於許都在曹操的控制之下，所以盟誓之後，每個人都小心翼翼，生怕被人看出破綻。其中劉備最有心計，他怕曹操看出自己的雄心壯志，每天待在許都的家裡澆水種菜、閉門謝客，在暗地裡等待機會。

曹操雖然沒什麼證據，但是一直對劉備不放心，總是想找機會試探劉備一下。一天，劉備正獨自在院中澆菜，突然曹操派人來請他。劉備不知何事，便隨來人去見了曹操。曹操對劉備說：「你最近在家中可是做了好大的事啊。」劉備大驚，以為曹操知道了血詔的事，十分害怕，剛想要說點什麼，就聽曹操繼續說：「聽說你每天在家種菜，一定十分勞累。」劉備這才知道不是曹操發現了他的秘密，於是平靜地說：「只是沒事隨便種種，打發一下時間罷了。」

曹操說：「剛才偶然看見樹上的梅子，覺得應該好好欣賞一下。可是一個人賞總覺得無聊，於是就煮了酒，邀玄德（劉備字）過來小坐一會兒。」劉備見前方有一個小亭子，裡面果真擺好了酒和青梅。兩人入座，開始喝酒。

喝了一會兒，突然間天上烏雲密布，而且還颳起了龍捲風。曹操突然說：「那龍捲風真像龍啊。玄德知道龍的變化嗎？」劉備裝傻充愣，推說不知。曹操說：「龍自身變化多端，就好像這世間的英雄一樣。玄德多年來走遍大江南北，肯定見過很多英雄吧？」劉備恍然大悟，一下子明白了，曹操這是在試探他是不是有大志啊。為了隱藏自己，他便裝傻，推說不知。但曹操卻執意要讓他說，劉備推脫不過，想了想，說道：「淮南袁術[4]，兵多糧廣，雄霸淮南，算是英雄。」曹操說：「袁術不值一提，他時日無多，我早晚會抓住他。」劉備又說：「冀州袁紹，出身四世三公之家，手下能臣猛將不計其數，實力強大，是一個英雄。」曹操說：「袁紹這個人沒有主見，優柔寡斷；幹大事情而怕犧牲生命，見到蠅頭小利卻拼命去搶，不是英雄。」劉備繼續說：「荊州劉表乃漢室宗親，治理荊州使百姓富足，是英雄吧？」曹操搖頭道：「劉表徒有虛名，且守成有餘，進取不足，不是真英雄。」劉備又說：「那江東小霸王孫策，文武雙全，年紀輕輕便統領江東，是大英雄吧？」曹操又反對：「孫策不過是繼承他父親的名望和地位，更不是英雄。」劉備又列舉了益州劉璋、漢中張魯、西涼馬騰、韓遂等人，都被曹操一一否定。

劉備無奈，便問曹操怎麼看。曹操說：「在我看來，英雄就應該是胸懷大志，深藏不露的人。」一邊說，曹操還一邊看劉備的反應。劉備明白曹操這是在試探他，就繼續裝傻，問：「那天下間誰能被稱作英雄呢？」曹操指了指劉備，又指了指自己：「天下間，只有你和我兩個人可以稱作是英雄。」劉備聽後大吃一驚，以為曹操看出了他的志向，打算要向他動手，一激動手中的筷子就掉在了地上。就在此時，恰好天空中響起一聲炸雷，劉備趕忙裝作鎮定撿起筷子，還說：「這雷真響，連我的筷子都震掉了。」

劉備一邊撿筷子還一邊在想曹操會怎麼對付他，可他卻不知道，曹操早就被他裝傻充愣的樣子給迷惑了，認為劉備就是一個膽小鬼，根本不可能成就大事，漸漸就輕視劉備了。後來，劉備找機會逃出了許都，並最終建立蜀漢。

裝傻充愣、裝瘋賣傻來迷惑敵人，讓敵人產生錯誤的判斷從而隱藏自己真實的意圖，把不利的形勢變為有利，就是「假癡不癲」。劉備在許都，處在曹操的勢力範圍之下，每時每

❹【袁術】字公路，東漢末年軍閥之一，曾割據揚州。西元一九七年袁術稱帝，建號仲氏，由於奢侈荒淫，橫徵暴斂，導致部眾離心，先後爲呂布、曹操所破，一九九年嘔血而死。

刻都會受到監視，形勢對他十分不利。由於劉備有大志向，又參加了衣帶詔的盟約，所以他通過每天種菜來麻痺曹操，讓曹操認為他安分守己，安於現狀；又在煮酒論英雄時，裝傻充愣，讓曹操認為他胸無大志。最終劉備通過「假癡不癲」的計謀，成功使曹操放鬆了對他的防備，最終能夠逃出許都，成就大業。

第二十八計　上屋抽梯

【原文】

假[1]之以便，唆[2]之使前，斷其援應，陷之死地。遇毒，位不當也[3]。

【譯文】

故意露出破綻給敵人，引誘敵人來攻打，然後切斷敵人的後援和輜重供應，這樣就可以讓敵人陷入死地。貪圖不屬於自己的利益，最終一定會對自己造成危害。

---

❶假：借。

❷唆：引誘。

❸遇毒，位不當也：出自《易經・噬嗑卦》。比喻貪圖不屬於自己的利益，最終對自己造成了危害。

【歷史再現】

李淵起兵反隋

隋朝末年，隋煬帝殘暴不仁，導致各地烽煙四起，天下大亂。

太原留守唐國公李淵的二兒子李世民，雖然才不到二十歲，但卻交友廣泛、見識過人。眼見各地反賊勢力越來越大，李世民覺得大隋江山已經無法挽救了。考慮到隋煬帝一直對李家有懷疑之心，李世民覺得一不做二不休，不如起兵反了隋朝。但是起兵反隋必須得到他父親李淵的同意。可是隋煬帝雖然懷疑李淵，李淵卻對隋朝忠心耿耿。這可難倒了李世民。

當時，李淵的治下有一座晉陽宮，是隋煬帝的行宮。李淵是宮監，副監名叫裴寂。李淵與裴寂的關係很好，經常一起喝酒聊天。經過長期觀察，李世民發現裴寂似乎也對隋朝的現狀很是不滿。於是李世民找到他，表面上和他一起探討對隋朝形勢的擔憂，實際上卻是暗中試探他對隋朝的看法。李世民發現，裴寂也不對隋朝抱有希望了。

於是李世民就對裴寂說：「當今聖上無道，導致大隋千瘡百孔，民不聊生。我想要起兵反隋，請求大人幫助。」裴寂說：「造反可是要殺頭的。」李世民說：「只要百姓能過上好日子，即使死了我也無怨無悔。」裴寂很受感動，對李世民說：「我有什麼能幫助你的？」

李世民說：「我父親對朝廷忠心耿耿，一定不會同意。求您幫我勸勸他。」裴寂答應了李世民的請求，但是又覺得直接去勸說不會有用處，便悄悄密謀了一番。

一天，裴寂和李淵一起喝酒，他故意把李淵灌醉，然後在晉陽宮挑了幾個嬪妃陪李淵一起睡覺。第二天李淵醒來，發現身邊竟躺著晉陽宮的嬪妃，頓時大驚失色，要知道這可是殺頭之罪。之後的幾天，李淵每天都膽戰心驚。

不久，裴寂又約李淵喝酒。在酒席上，裴寂突然說：「當今聖上殘暴，各地反賊四起，百姓怨聲載道，恐怕大隋朝難以長久啊。如今皇上對你很不信任，很可能在某一天就隨便找個罪名砍了你的頭。我看你不如趁現在起兵反隋，成就一番大業。」李淵反問道：「你是想讓皇上將我抄家滅族嗎？」裴寂說：「你身為晉陽宮的宮監，私用晉陽宮內嬪妃，難道能逃得過抄家滅族之罪嗎？」

李淵頓時無話可說。這時，李世民走了進來。他跪下對李淵說：「父親，如今天下大亂，百姓生不如死，難道您還要為隋朝效力嗎？現在這種情況，您不反就得死，反了或許還有一條活路，您還在猶豫什麼？」李淵一時不知道該怎麼辦，便說要考慮一下。

後來，李淵經過再三考慮和分析，終於決定起兵反隋。並最終在西元六一八年登基稱帝，建立唐朝。

「上屋抽梯」就是要引人陷入某種境地，然後切斷他的後路，使他陷入絕境之中，最後達到自己的目的。在這裡，裴寂和李世民就是通過計策使李淵陷入了不論謀反與否都要被抄家滅族的兩難之中，最終成功促使李淵起兵反隋。

第二十九計　樹上開花

【原文】

借局布勢，力❶小勢大。鴻漸於陸，其羽可用爲儀也❷。

【譯文】

藉助別人的局勢來布置自己的陣勢，即使兵力弱小也可以顯示出很大的陣勢。就像鴻雁飛上山頭，它的羽毛可以幫助它助長氣勢。

❶力：指兵力。

❷鴻漸於陸，其羽可用爲儀也：出自《易經・漸卦》。意思是鴻雁飛到山頭上，它的羽毛可以幫助它助長氣勢。

❸【樂毅】戰國後期傑出的軍事家，官拜燕國上將軍，受封昌國君，輔佐燕昭王振興燕國。他曾統帥軍隊攻打齊國，創造過中國古代戰爭史上以弱勝強的著名戰例。

【歷史再現】

田單四計敗燕軍

西元前二八四年，燕昭王為報當年齊國入侵燕國之仇，派大將樂毅[3]率兵攻打齊國。樂毅攻打齊國五年，連戰連勝，攻下齊國七十多座城池。齊國只剩下莒（ㄐㄩˇ）和即墨兩座城池。這時候，齊國軍民變得空前團結，面對燕國的入侵，拼命抵抗，致使燕國軍隊對這兩座城池久攻不下，只能採取圍困的戰略。

西元前二七九年，燕昭王去世，燕惠王繼位。燕惠王對樂毅早有不滿，現在對於他攻不下剩下的兩座城池更是憤怒。此時，齊國的守將田單，也趁此機會派人用離間計，他派人在燕國造謠說：「樂毅能在那麼短的時間內打下齊國七十多座城池和大片領土，現在面對兩座孤城卻久攻不下，並不是他沒有能力，而是因為他要收服齊國百姓的心，將來好脫離燕國，到齊國的土地上自立為王。」燕惠王聽說後，馬上藉此機會用自己的親信騎劫代替了樂毅。

田單知道，騎劫的才能根本無法和樂毅相比，只要用幾個計策，就一定能打敗騎劫，到時候就可以順勢收復失地。

首先，田單知道，燕國的人都十分迷信，於是他命令城內的居民，每天吃飯之前都要先把食物拿到門前祭祖。這樣之後，燕國士兵每天都會發現有大量的鳥類成群結隊向城內飛去。燕國士兵不明所以，趕忙向人打聽。這時田單又讓人說是神靈派鳥來幫助齊國的。這樣使得燕國士兵以為自己得罪了神靈，變得人心惶惶，戰鬥力下降。

燕國軍心不穩之後，田單又派人造謠說齊國軍民之所以敢憑藉兩座城反抗到底，就是因為樂毅之前對待齊國人太仁慈了，大家都不怕燕國人。如果要是對齊國的俘虜動大刑，並挖齊國人的祖墳，齊國人一定就害怕得不敢反抗了。騎劫聽說後，覺得可以試一下，就這樣做了。結果這樣殘暴的行為確實更加激起了齊國人民的怒火，讓每個齊國人下了要與燕國抗爭到底的決心。

第三步，就是要讓燕國的圍城軍隊徹底喪失警惕。田單一邊派使者到燕國表示齊國願意投降，一邊又派人帶著金銀財寶向騎劫投降，並大誇騎劫，說他讓齊國人聞風喪膽，樂毅根本沒法和他比。漸漸燕國軍隊上下都感覺齊國很快就會投降了，不需要再進行戰鬥，準備接收城池就行了，逐漸都放鬆了警惕。

齊國現在只有兩座城池，在軍隊人數上遠遠比不過燕軍，要想徹底打敗燕軍，還要另想辦法。於是田單找了一千多頭牛，並在牛角上綁了尖刀，同時把麻繩浸油之後綁在牛尾巴上，又給每頭牛都披了五顏六色的衣服。然後又找來幾千士兵，也拿著尖刀、披上花衣服，跟在牛的後面。

一天晚上，田單悄悄打開城門，然後點燃牛尾巴上的麻繩。牛受驚之後，直奔燕國軍隊奔去。燕國軍隊本來就沒有防備，又被這突如其來的陣勢給嚇到了，一時不知道該做什麼。趁這個機會，跟在牛後面的幾千士兵也衝入燕軍當中，見人就殺。最後，燕軍大敗，騎劫被殺。田單乘勝追擊，收復了齊國被燕國佔領的城池。

「樹上開花」的計謀，就是說在自己力量弱小的時候，要藉助各種各樣的有利條件，來混亂敵人的視聽，讓敵人真假難辨。田單就是因為善於利用各種有利的條件：先利用燕國君臣不和，散播假消息使燕國換將；再利用燕國人迷信的思想，讓燕國人產生得罪神靈的感覺；設計讓燕國人虐待齊國人，使齊國上下更加團結，反抗之心更加強烈；利用假投降來削弱燕國士兵的警惕和防備之心；最後利用火牛陣，做到出其不意，最終才成功獲得勝利。

第三十計　反客為主

【原文】

乘隙插足，扼❶其主機❷，漸之進也❸。

【譯文】

抓住機會，趁著對方有空隙，就趕緊插足進去，這樣就可以控制住對方的要害，循序漸進地達到自己的目的。

❶扼：控制。
❷主機：指要害。
❸漸之進也：出自《易經・漸卦》，意思是循序漸進。

【歷史再現】

郭子儀孤身入營見回紇

安史之亂以後，唐朝皇帝再也無法相信武將，通過各種手段削弱武將的兵權，還殺了一些功臣。同時，皇帝對宦官的信任也讓朝廷內部的黨派之爭加劇。西元七六三年，唐朝將領僕固懷恩[4]因為得罪了宦官，遭到誣告，無奈之下，只得選擇叛亂。他聯合了吐蕃、回紇、党項等集合數十萬兵馬，入侵大唐。唐朝派出郭子儀[5]率軍抵抗，最後大敗叛軍。

僕固懷恩不甘心失敗。西元七六五年，他編造了唐代宗和郭子儀都去世的消息，再次糾集了回紇、吐蕃等，派出三十萬軍隊進攻大唐，並一路勢如破竹，向長安挺進。唐朝急忙派出郭子儀率軍到涇陽抵擋叛軍。郭子儀被叛軍包圍在了涇陽。他只有一萬多人馬，遠遠少於叛軍，因此郭子儀只能命令部下堅守涇陽。同時，他親自偵察敵情，企圖找出敵人的破綻。

經過不懈地努力，他終於探查到了兩條好消息。一個是僕固懷恩已經病死；另一個是沒有了僕固懷恩之後，回紇和吐蕃這兩大勢力為了爭奪領導權而產生了矛盾，已經變得互不往來了。

郭子儀心想，當年為了平定安史之亂，我還和回紇一同作戰過，關係很好。現在是不是可以利用一下當初的關係，把回紇拉攏過來為我所用呢？於是，他找來了最親信的親兵去遊說回紇，表示願同回紇再次交好。回紇都督藥葛羅聽說是郭子儀派來的人，愣住了。他說：「僕固懷恩告訴我們郭將軍已經去世了，我們才出兵的。我和他是很好的朋友，如果郭將軍還健在，我們是不會出兵的。不知道能不能讓郭將軍來這裡見一面呢？」

郭子儀知道，能不能順利平叛成功，關鍵就在於能否成功和回紇聯合。所以在聽到這個消息之後，他馬上就決定去和藥葛羅見面。但他的部下都反對他去和藥葛羅見面，他們認為這是回紇人設的圈套，是打算趁機殺了郭子儀。郭子儀說：「我不能不去。我和回紇是很好的朋友，他們應該不會害我的。再說，我去了，這場戰爭就有可能勝利，大唐百姓就可以免受災難。但我要是不去，百姓就還要生活在戰火之中，所以為了百姓，我也必須要去。」

郭子儀孤身來到了回紇軍營當中，回紇都督藥葛羅見到他以後，十分高興，說：「僕固懷恩說你去世的時候，我還很傷心呢。現在看到你沒事，真是太好了。」郭子儀受到了藥葛羅的熱情招待，席間，他說：「回紇當年幫助大唐平定叛亂，大唐十分感激，也一直沒有虧待你們，你們怎麼能聯合吐蕃一起進攻大唐呢？吐蕃是在利用你們，他們好趁機奪取好處，

---

❹【僕固懷恩】唐朝時期鐵勒人，安史之亂時屢立戰功。之後他被宦官陷害，舉兵叛唐，不久病死。

❺【郭子儀】中唐名將，平定安史之亂的第一功臣。死時八十五歲，諡號忠武。

你難道看不出來嗎？還是趁現在和我聯手攻打吐蕃吧，只要消滅吐蕃，到時候在皇上面前我也可以幫著你說好話啊。」藥葛羅聽郭子儀說完後，說：「您說的對，我們也是被僕固懷恩騙了。我們現在馬上和你聯手，共同打吐蕃軍。」

吐蕃不知怎麼得到了消息，連夜率軍逃走了。郭子儀豈能放過他們，便聯合藥葛羅火速追擊，共殲滅吐蕃士兵十餘萬人，使唐朝的邊境安穩了很多年。

在戰略上，「反客為主」一般都是指變被動為主動，爭取戰爭主動權。本來郭子儀率領一萬士兵迎戰三十萬，這就是十分被動的情況。可是他卻抓住了機會，通過與回紇以往的交情成功地「策反」回紇，最終使戰爭的主動權回到自己手裡，不再被動防禦，而是與回紇聯手，消滅吐蕃大部分人馬，成功解決了邊患。

第三十一計 美人計

【原文】

兵強者，攻其將；將智者，伐其情❶。將弱兵頹，其勢自萎。利用禦寇，順相保也❷。

【譯文】

敵人的兵力強大時，就要攻打他們的將帥；當敵人的將帥很有智謀時，就要打擊他的意志。將帥的意志衰弱，士兵的鬥志也要隨之消退，這樣敵人的氣勢自然就削弱了。利用敵人的弱點來打敗敵人，可以順利地保全自己。

❶伐：打擊。情：意志。

❷利用禦寇，順相保也：出自《易經・漸卦》。意思是利用敵人的弱點來打敗敵人，可以順利保全自己。

【歷史再現】

洪德獻美女救父

西周最後一個王周幽王是一個荒唐無道的昏君。他在位時，根本不考慮奮發圖強、振興周朝，而是重用奸臣，剝削百姓，使西周社會十分混亂。當時，有個大臣褒珦（ㄒㄧㄤˋ）直言勸諫，卻被周幽王關進了大牢。他的家人為了救他，試了很多辦法，但都沒有成功。

有一次，褒珦的兒子洪德去鄉下收地租，看到了一個絕色美女在挑水。洪德十分驚訝，心想，在這鄉下怎麼會有如此美麗動人的女子？於是他便向人打聽了一下這個女人的消息。原來這個女人叫褒姒，是當年周幽王的一個宮女所生，生下之後便被扔到皇宮外面的河中，順著河流漂到這裡後，被人救了上來，並且養大成人。洪德想了想，突然覺得父親有救了。

洪德回到家後找他的母親商量：「周幽王十分好色，經常挑選各種美女去充實他的後宮。我們要想救父親，恐怕只能投其所好了。我今天見到了一個十分美貌的女子，名叫褒姒，如果我們把她買來獻給天子，天子一定會喜歡，到時候就能把父親救出來了。」洪德的母親覺得可行，於是叫洪德趕緊去辦。

洪德又來到了鄉下，用三百尺的布帛把褒姒買了下來，然後將她帶回家梳洗打扮了一番。準備好之後，洪德便帶著褒姒來到了京城。他買通了一個周幽王的心腹，求他對周幽王說：「罪臣褒珦之子洪德，找到了一個叫褒姒的美貌女子，特地獻給天子，求求天子能夠把褒珦從牢中放出。」周幽王一聽有美女，趕緊下令把褒姒獻上來。見到褒姒，周幽王驚為天人，便把褒姒留在了宮中，並同意了洪德的請求，把褒珦從大牢中放了出來。

此後，周幽王與褒姒日夜享樂，並為看褒姒一笑而玩出了「烽火戲諸侯」❸的把戲，最終使西周王朝走向了滅亡。

見到褒姒，周幽王驚為天人。

要想成功地運用好「美人計」，最關鍵的一點就是能投其所好。周幽王喜歡美色天下皆知，而洪德恰好發現了褒姒這樣的美女。於是，洪德為了救父親，便抓住周幽王喜歡美色的弱點，利用「美人計」，投其所好，順理成章地把褒姒獻給周幽王。最終，周幽王在十分高興的情況下放了褒珦。

---

❸【烽火戲諸侯】褒姒不喜言笑，周幽王爲了能見到褒姒的笑容，不惜點燃呼叫救兵之用的烽火臺，諸侯以爲國君有難，便率領大軍來到城下，褒姒見到諸侯慌亂之狀，果然展顏一笑。而周幽王因此也失去了諸侯的信任，最終眾叛親離。

第三十二計　空城計

【原文】

虛者虛[1]之，疑中生疑。剛柔之際，奇而復奇[2]。

【譯文】

兵力空虛的時候，就顯示出更空虛的樣子，就會使敵人更加疑惑。在敵強我弱的情況下，使用這個計策，就會產生奇效。

❶虛：前一個「虛」指空虛，形容詞。後者意爲讓其空虛，動詞。

❷虛剛柔之際，奇而復奇：出自《易經・解卦》。在敵強我弱的情況下，使用這個計策，就會顯得奇妙莫測。

【歷史再現】

鄭國「空城」退楚

春秋時期，楚文王以巡狩為名奪取了息侯的夫人息媯，並帶回楚國，立為自己的夫人，稱為文夫人。文夫人的美麗令很多人都十分仰慕，其中就有楚文王的弟弟子元❸。

西元前六七五年，楚文王病死，軍國大權都落到了子元手裡。子元一直對文夫人念念不忘，現在文王死了，他便想把文夫人佔為己有。為此，他在文夫人的宮殿旁邊也蓋了一座房子，並且每天在裡面跳文王曾經跳的舞，希望藉此打動文夫人。文夫人對子元這種行為十分反感，她找人告訴子元：「當年文王經常操練軍事，征討各國，是為了讓楚國變得更強大。現在你卻整日做無用的事情，好像不應該吧。」子元聽了之後，認為文夫人看不上他的能力。他想，如果自己能親自帶兵打敗敵國的話，既能證明自己的能力、建功立業，又能討好文夫人，到時候文夫人就會喜歡他。於是，他決定率兵攻打鄭國。

西元前六六六年，子元率領兵車六百乘攻打鄭國。鄭國國小民弱，根本無力抵擋楚國的進攻，很快子元就打到了鄭國的國都。鄭國危在旦夕，鄭國國君連忙召集大臣們想辦法。可是辦法無非就是幾種：求和，這需要相當大的付出；割地賠款，從此成為楚國的附屬國，這和滅國沒什麼區別；出城決戰，這也是送死，如今子元兵鋒正盛，鄭國缺兵少將，正面決戰肯定完敗，還會丟了性命；還有就是固守待援，但是首先要守住，其次要有援兵。鄭國國君此時一籌莫展。

這時候鄭國上卿叔詹[4]說：「無論決戰還是求和，鄭國都只有滅亡一條路。所以現在唯一的辦法就是固守待援。我們曾經和齊國定下過盟約，約定一方有難時，另一方就要出兵相助。現在子元攻打我們，只要我們向齊國求助，他們就一定會派兵相助。子元帶兵來攻打我們，主要目的是為了展示自己的能力，討好文夫人，所以他一定非常害怕失敗，這就是我們的機會。我有一個辦法可以暫時擊退楚軍。」

叔詹的辦法是：首先，要把全部士兵都埋伏在敵人看不見的地方，使敵人無法判定鄭國到底有多少軍隊；其次，告誡百姓不要慌張，要按照平時的樣子自由生活，所有店鋪都要正常營業，平時怎樣做，現在就怎樣做；第三，打開城門，放下吊橋，把我們城內居民安安穩穩的樣子讓子元看到；第四，抓緊時間派人向齊國求援。

---

❸【子元】春秋楚國楚令尹，楚文王的弟弟，愛慕文夫人。後來他因得罪文夫人息嬀和擅自入住王宮而被殺。

❹【叔詹】春秋時期鄭國君主鄭文公的弟弟，鄭國的相國。

子元就帶楚軍趕到了。可是鄭國城門大開，城內連一個兵士都看不見…

鄭國按照叔詹的辦法布置完後，子元就帶楚軍趕到了。可是鄭國城門大開，城內連一個兵士都看不見，而鄭國百姓卻在安安穩穩地生活，絲毫沒有大戰來臨的緊張氣氛。「難道鄭國打算投降了？可是並沒有人出來迎接大軍啊；難道是裡面有埋伏？大開城門打算引我上當？」子元害怕鄭國有埋伏，開始左右為難。於是決定暫時在城外安營紮寨，先派人進城去查探明白再決定。

就在子元還在猶豫要不要帶兵進城的時候，鄭國的求援信到了齊國。齊王接到了求援信之後，馬上聯合了魯、宋兩國部隊來增援鄭國。

子元想，如果等到援兵到來的話，自己肯定會被幾國夾擊，到時候連跑也不可能了，所以只好趁著援軍沒到，抓緊時間撤退，反正也打了幾個勝仗，應該可以在文夫人面前證明自己的能力了。於是，在當天夜裡，子元便命令士兵留下營寨和旗幟迷惑敵軍，帶著士兵悄悄撤走了。

第二天，鄭國人才發現子元撤走了。此時有人感慨：原來不用出兵也可以讓敵人退兵啊！

「空城計」就是一種心理戰術，如果防守一方沒有足夠的實力堅守城池，就可以故意在敵人面前展現出空虛的城池，這樣就能夠使敵人猶豫不決，不敢輕易行動，從而使己方等到援兵的到來。鄭國的叔詹就是根據楚強鄭弱和子元出兵目的不純、害怕失敗的心理狀況，敞開大門、隱藏兵力，做出了空城的樣子，才使子元的心理產生了猶豫，做出了錯誤的判斷，最終使鄭國等來了援兵，成功擊退了子元。

第三十三計　反間計

【原文】

疑❶中之疑。比之自內，不自失也❷。

【譯文】

在敵人布置的疑陣之中再布置上自己的疑陣。就是說要利用敵方的間諜去爭取勝利，我方就不會受到損失。

❶疑：疑陣。

❷比之自內，不自失也：出自《易經・比卦》。意思是利用敵方的間諜去爭取勝利，那我方就不會受到損失。

【歷史再現】

蔣幹中計

西元二〇八年，荊州投降曹操。隨後，曹操親率八十三萬大軍渡江南下，打算趁勢佔領南方。可是由於曹操的士兵多為北方人，雖然陸戰無敵，卻並不善於水戰。曹操無奈，只能在赤壁紮營，並且命荊州降將蔡瑁、張允負責訓練水軍。

此時，南方的劉備和孫權聯合，以孫權的水軍大都督周瑜為主帥，率軍與曹操對峙。

曹操是一個愛才之人，他十分欣賞周瑜的才能，便想招降周瑜為己所用，卻一直不知道該派誰去。這時，曹操的帳下謀士蔣幹毛遂自薦，請求過江去勸降周瑜。蔣幹，字子翼，是周瑜的同窗好友。在曹操手下一直不受重用，因此想通過勸降周瑜來立一個大功，從而得到重視。曹操一聽蔣幹與周瑜是舊交，於是便派了蔣幹過江，去勸降周瑜。

此時在江的對岸，周瑜也在煩惱。本來周瑜認為，曹操的士兵都是北方人，一定不能適應水戰，孫劉聯軍想要勝利應該是輕而易舉的。可是沒想到荊州蔡瑁、張允投降了曹操，現在負責訓練水軍。蔡瑁、張允的水戰能力不弱，如果被他們訓練得法，那就真的勝負難料了。為此，周瑜也處心積慮想要除掉蔡瑁、張允。可是他們現在很受曹操的重視，根本無法下手。就在這時，有人報告說一個叫蔣幹的來訪。周瑜知道蔣幹是曹操手下的謀士，於是便心生一計。

周瑜熱情地接待了蔣幹，並設宴款待。他知道蔣幹這次來是來勸降的，便對蔣幹說：「你我分屬不同陣營，這麼長時間沒見了，一定要不醉不歸。今天高興，所以只談友情，不談軍事。」蔣幹無奈，只能答應。

他們一直喝到了深夜。周瑜裝作喝得大醉，非要蔣幹像讀書時一樣陪他一同睡。蔣幹本想走，可是一想到勸降周瑜的任務還沒有完成，便決定留下來，看看能不能有其他的發現。

蔣幹心裡裝著事情，根本就睡不著。見旁邊的周瑜鼾聲大作，他便悄悄下了床。正不知該怎麼辦的時候，突然發現周瑜的書桌上放著什麼東西。蔣幹以為是軍事機密，本想著能拿回去邀功，可走近一看居然是一封信。蔣幹控制不住好奇心，便偷偷打開看了起來，看完之後大吃一驚，原來這封信是蔡瑁、張允寫給周瑜的求降信，並說願意與周瑜裡應外合，共同擊敗曹操。就在這時，周瑜動了動，蔣幹連忙回到床上裝睡。不一會兒，有人來叫醒周瑜，對周瑜說：「大都督，蔡瑁和張允派人傳話來說……」周瑜趕緊示意那個人小聲一些。那人又對著周瑜耳語了一番，就離開了。周瑜見蔣幹還在熟睡，就又睡下了。此時的蔣幹是又驚又喜：驚的是蔡瑁、張允居然和周瑜串通起來對付曹操；喜的是這件事被自己知道了，還掌握了證據，只要將此事告訴曹操，飛黃騰達就指日可待了。

此時的蔣幹哪裡還有心思勸降周瑜，於是，天還沒亮，他就偷走了書信，悄悄地渡江返回了曹營。

曹操見蔣幹回來了，便問他事情辦得怎麼樣。蔣幹說：「雖然沒能勸降周瑜，但是卻有重大發現。」於是就把從周瑜那兒偷來的信交給了曹操。

曹操看完了信，又聽了蔣幹一番敘述，頓時勃然大怒：「蔡瑁、張允兩個賊子，我對他們不薄，他們居然敢背叛我，真是該死。」說完，立即叫人砍了蔡瑁、張允的頭。

冷靜下來之後，曹操才覺得有點不對，周瑜那麼謹慎的人怎麼能把雙方的秘信留在手裡，又怎麼能讓蔣幹偷聽到這麼重要的事。此時他才反應過來，自己上了周瑜的當了，但已是追悔莫及。

最終，由於水軍不利，曹操在赤壁之戰中被孫劉聯軍打得大敗，狼狽逃回了北方。

「反間計」就是利用對方打入我方內部的間諜傳遞假消息，擾亂敵方，從而達到自己的目的。曹操派蔣幹去周瑜大營，本意是勸降周瑜和刺探軍情，但是這恰好幫了周瑜。周瑜知道曹操生性多疑，就設計讓蔣幹把蔡瑁、張允投降這個假消息成功地傳遞給了曹操，逼得曹操一怒之下殺掉了蔡瑁、張允。周瑜的「反間計」使得曹操損兵折將，並達到了自己的目的。

第三十四計　苦肉計

【原文】

人不自害，受害必眞；假眞眞假，間❶以得行。童蒙之吉，順以巽也❷。

【譯文】

人通常是不會讓自己受到傷害的，如果受到傷害就一定是真的。只要我們把假的說成是真的，那敵人也就會把假的當作真的，到時候就可以實行離間計了。就像是只要順從敵人「幼稚樸素」的心理，就可利用對方的弱點達到自己的目的。

---

❶間：離間。

❷童蒙之吉，順以巽也：出自《易經‧漸卦》。意思是只要順從蒙昧無知的孩子的意思來辦事，那麼孩子就會任你擺布的。

【歷史再現】

周瑜打黃蓋

曹操中了周瑜的反間計誤殺了蔡瑁、張允後，一直想找個機會報復周瑜。於是他又想了一個辦法。他讓蔡瑁的弟弟蔡中、蔡和去詐降周瑜，刺探軍情，一有機會就裡應外合，消滅周瑜。

周瑜接見了蔡中、蔡和。他本來就不相信蔡中、蔡和是來投降的，又見他們連家眷都沒帶，周瑜就更加肯定他們是來詐降的。周瑜想，既然曹操想用這兩個人來刺探軍情，那我就將計就計，通過他們給曹操傳遞假消息。

周瑜知道，由於自己的兵力遠遠少於曹操，所以不可以和曹操硬拼，只能智取。一天晚上，將軍黃蓋來找周瑜。黃蓋對周瑜說：「曹操為了盡快讓士兵適應水戰，把戰船全部用鐵索連在了一起。我們可以用火攻，只要一把火，就可以將曹操的戰船全部燒毀，那時，曹操必敗。」周瑜說：「曹操防備十分嚴密，我們根本無法靠近他的船隻，如何才能用火攻？」黃蓋說：「我有一個辦法，但是需要大都督的配合。」黃蓋在周瑜耳邊悄悄說了幾句。於是，他們決定第二天依計行事。

第二天，周瑜召集營中諸將，說：「曹操擁兵百萬，一時難以戰勝，我們要做好打持久戰的準備。你們每個人先去領三個月的糧草。」這時候黃蓋說話了：「曹操兵馬眾多，別說三個月，就是三年也難以戰勝他，說不定哪天曹操就把我們打敗了。我看還不如投降為好。」周瑜聽後，勃然大怒：「黃蓋，你這是擾亂軍心。吳侯說過，再敢說要投降曹操的人，殺無赦。來人，把黃蓋拉出去砍了。」

黃蓋是江東孫氏三代老臣，德高望重，在軍中很有威信。一聽說周瑜要殺黃蓋，在場的各位將軍趕緊求情。周瑜見此情況，也不好繼續堅持，便說：「也好，戰前斬殺大將，對我方不利。既然這樣，那就把他這條命留到我們破曹之後。不過擾亂軍心，必須受罰。來人，拉出去打一百軍棍。」

黃蓋被一百軍棍打得皮開肉綻、鮮血直流，被人扶著才回到了營中。他的好友闞澤❸來看他。黃蓋把真相告訴了他。原來這是周瑜和黃蓋的計謀，打算先上演一齣苦肉計，然後黃蓋詐降曹操，最後找機會用火攻燒掉曹操的戰船和軍隊。說完後，黃蓋請求闞澤給曹操送一封詐降信。闞澤答應了。

曹操生性多疑，本來不相信闞澤送來的書信。就在這時候，之前詐降的蔡中、蔡和也送來書信，說周瑜打了黃蓋一百軍棍，黃蓋便心生怨恨。這下曹操相信了，連忙讓闞澤回去，和黃蓋約好時間。

黃蓋得知曹操相信了自己，趕緊準備火攻所需之物。到了雙方約定好的那天，曹操撤去了防備，專等黃蓋到來。可就在黃蓋的船隊逐漸接近的時候，船頭卻突然間起了火，然後加速猛衝向曹軍。曹軍根本沒有任何防備，火借風勢，所有戰船頃刻間燃燒起來，士兵死的死，逃的逃。孫劉聯軍順勢攻來，曹軍大敗，無奈只能退回北方。

「苦肉計」就是通過自我傷害來取信於敵人，在麻痺敵人之後達成自己的目的。黃蓋是孫氏三代老臣，他投降的消息很受曹操重視，如果能確認是真的，曹操一定很樂於接受。周瑜和黃蓋就利用這一點，演了一齣苦肉計，使曹操相信黃蓋的詐降，最終於赤壁大敗曹操。

---

❸【闞（ㄎㄢˋ）澤】字德潤，三國時期吳國重臣，官至中書令、太子太傅。曾向孫權舉薦陸遜，間接挽救了吳國的命運。

第三十五計　連環計

【原文】

將多兵眾，不可以敵❶，使其自累❷，以殺其勢。在師中吉，承天寵也❸。

【譯文】

敵方兵多將廣，實力強大，我們就不可以硬拼，要讓他們自己互相牽制，這樣來削弱他們的實力。主帥能夠做出這樣英明、正確的決定，就會像有天神保佑我軍一樣。

---

❶敵：硬拼。

❷累：牽制。

❸在師中吉，承天寵也：出自《易經．師卦》，意思是主帥能夠做出英明、正確的決定，就像有天神保佑一樣。

【歷史再現】

渭南之戰

渭南之戰是曹操平定關中、擊破韓遂和馬超叛亂的一次戰爭。

西元二一一年，馬超聯合韓遂糾集了十萬兵馬，在關中起兵，反叛曹操。隨後叛軍據守潼關，準備以潼關為依託抗擊曹操。八月，曹操親自率領大軍抵達潼關。

曹操在潼關附近紮下營寨。經過仔細分析，曹操決定從正面佯攻潼關，吸引叛軍的注意力，使叛軍把兵馬集結到潼關附近，從而造成河西兵力空虛。同時，命令橫野將軍徐晃和將軍朱靈率領四千精兵從蒲阪津渡過黃河，在河西安營紮寨。隨後，曹操率大軍渡過黃河，會合徐晃、朱靈後，向渭水挺進。此時，馬超等人見曹操已經繞過潼關，便帶兵退到潼關以西的渭口集結，準備攔截曹操。

曹操率兵來到渭水北岸後，表面上挖掘甬道[4]、設置鹿砦[5]等，做出一副防守的樣子，

---

❹【甬道】這裡指兩旁有牆或其他障蔽物的馳道或通道。

❺【鹿砦（ㄓㄞˋ）】用伐倒的樹木構成形似鹿角的障礙物。

暗地裡卻架設浮橋，並趁夜晚分兵到渭水南岸紮營。九月，曹操率主力渡過渭水，之後安營紮寨，堅守不出。由於糧草問題，馬超想要速戰速決。但馬超等人多次前來挑戰，曹操並不迎戰。無奈，馬超提出割地求和的請求。曹操採納了謀士賈詡的意見，決定假意接受馬超的求和，同時找機會離間馬超和韓遂的關係。

一日，兩軍陣前，韓遂與曹操相見。曹操與韓遂本來很早就認識，他們當年一起在京城為官。韓遂的本意是來商量割地請和的事情，同時請求曹操退兵的。可是曹操對退兵避而不談，反而和韓遂東拉西扯，敘起了舊。韓遂聽著很親切，所以也沒有表示出不耐煩的樣子。韓遂不急，後面的馬超卻著急了。他不明白韓遂和曹操有什麼好說的，而且看樣子也不像是他在勸曹操退兵。

韓遂回來後，馬超問他：「叔父，你今天和曹操說了什麼，我看你們又是握手、又是擁抱，好像十分親熱的樣子。」韓遂說：「只是說了一些當年做官時的陳年往事。我看曹操沒有提退兵的事情，我也就沒有提。」馬超聽說韓遂沒有提讓曹操退兵的事情便走了。同時他心裡對韓遂也產生了懷疑。韓遂也知道馬超對自己產生誤會了，但是不知道該怎麼解釋。

這時曹操又給韓遂寫了一封信。馬超聽說之後，連忙跑到了韓遂這裡問道：「叔父，聽說曹操給你寫了信，他都說了些什麼事？」韓遂說：「沒有什麼，只是一些無關痛癢的小事。」馬超不信，韓遂便把信給他看。馬超一看，這信確實只是說了一些無關痛癢的小事，可是有幾處關鍵的地方被人用筆塗抹過，看不清寫了什麼。馬超見韓遂沒有跟他解釋的意思，於是對韓遂的疑心更大了。

此時的馬超處處防備著韓遂，卻不料曹操突然對他發動了大規模的進攻。曹操先以輕騎兵出擊，隨後誘敵深入，又派重兵從兩側夾擊敵軍，最終大敗馬超、韓遂。

從大意上看，「連環計」就是使用多個計謀戰勝敵軍。在渭南之戰中，曹操先是「調虎離山」，把河西的兵馬調動到潼關；然後「暗渡陳倉」，包括徐晃從蒲阪津渡過黃河和曹軍渡過渭河；之後又用「反間計」離間了韓遂和馬超的關係；同時還假意同意了馬超的求和，然後「欲擒故縱」，沒有把馬超逼到絕路上。但是「連環計」的關鍵在於讓敵人自己互相牽制來削弱他們的實力。在渭南之戰中，曹操通過和韓遂親熱敘舊和一封有塗抹的信等手段，成功離間了馬超和韓遂的關係，使他們互相不信任，互相防備，最終消耗了實力，給了曹操可乘之機。所以，渭南之戰的勝利，關鍵在於曹操對於「連環計」的運用。

第三十六計　走為上計

【原文】

全師❶避敵。左次無咎，未失常也❷。

【譯文】

為了保存軍隊的實力，暫時退卻，避開強敵。採用暫時退卻的方法並沒有錯，因為這並不違背正常的用兵法則。

❶師：指軍隊。

❷左次無咎，未失常也：出自《易經・師卦》，意思是採用暫時退卻的方法並沒有錯，因爲這並不違背正常的用兵法則。

【歷史再現】

鴻門宴劉邦脫身

西元前二〇六年，項羽破釜沉舟，取得了鉅鹿之戰❸的勝利，同時他還收降了秦將章邯。隨後，項羽帶著四十萬大軍向函谷關殺去。他認為自己可以第一個進入函谷關，佔領咸陽。可是到了函谷關才得知，劉邦早就攻破函谷關進入了咸陽。

項羽十分憤怒，他認為是因為自己牽制住秦軍的主力，劉邦才能趁著空虛進入咸陽的。他想要進關，沒想到守關的人居然說劉邦不讓項羽進入函谷關。項羽一怒之下，攻破了函谷關，率四十萬軍隊駐紮在了新豐、鴻門兩個地方。而劉邦則駐紮在霸上。

劉邦的手下曹無傷，見項羽勢力強大，想要投靠項羽。他寫信給項羽說：「劉邦這次是打算在關中稱王，並且命子嬰為相國，現在秦國的金銀珠寶都被他佔去了。」項羽怎麼能容忍這種事情的發生，於是在謀士范增的建議下，決定第二天在鴻門設下酒宴宴請劉邦，並找

❸【鉅鹿之戰】項羽率領數萬楚軍打敗了秦將章邯、王離所率四十餘萬秦軍主力，是秦末起義軍推翻秦朝的決定性戰役，也是中國歷史上著名的以少勝多的戰役之一。

機會殺掉劉邦。

劉邦也知道這次赴宴凶多吉少，但項羽的實力比劉邦大很多，他的邀請劉邦不敢不去。第二天劉邦帶著謀士張良和將軍樊噲（ㄎㄨㄞˋ）來到鴻門赴宴。劉邦和張良在席上，樊噲在門外等候。宴席上，劉邦對項羽說：「我和將軍一起起義，反抗秦國。將軍在黃河以北作戰，我在黃河以南作戰。我自己都沒想到我會先攻下函谷關、進入咸陽。現在有人散播對我不利的謠言，將軍可千萬不能相信啊。」

范增看到項羽開始猶豫，便頻繁示意項羽殺死劉邦，可是項羽卻無動於衷。范增沒有辦法，連忙出去找到了將軍項莊，說：「項王心軟的毛病又犯了，他不忍心殺劉邦。趁著現在裡面還在喝酒，你趕快進去舞劍助興，趁機殺死劉邦。」

項莊進去後，對項羽說：「軍營中沒有什麼可供娛樂的，就讓我來舞劍為大家助興吧。」項羽同意了。項莊開始舞劍。但是酒席上的項伯卻發現，項莊的劍鋒總是在劉邦面前晃來晃去，似乎在不經意間就會要了劉邦的命。項伯雖然是項羽的人，但是他現在和劉邦是兒女親家，同時劉邦手下謀士張良又是他的救命恩人，他是無論如何也不會讓人殺了劉邦的。於是他說：「項莊一個人舞劍怎麼能盡興，讓我來陪你。」說著拔出劍向項莊迎了上去。他上去後多次從項莊的劍下救出了劉邦。張良看這麼下去也不是辦法，就跑到外面去叫樊噲。樊噲聽說劉邦有難，拿著劍和盾就衝了進去。

項羽見有人殺氣騰騰地衝進來，就問來者何人。當得知樊噲是劉邦的衛士之後，項羽便賜了一杯酒和一個豬腿給他，樊噲也毫不畏懼，坐在地上大吃起來。項羽見他吃完了，又問：「壯士敢再喝一杯酒嗎？」樊噲說：「我連死都不怕，還會怕一杯酒嗎？當初楚懷王和我們約定，誰先攻進咸陽城誰就可以稱王。可是我大哥卻並沒有遵照約定去做，因為他知道能進入咸陽，你的功勞是最大的。我大哥為了防止有別的諸侯先進入關中，就封閉了函谷關，同時在洛陽封閉了皇宮，對百姓也秋毫無犯，這些就是在等著你到來。可是如今你卻聽了小人之言，不問青紅皂白就要殺我大哥，這不是和暴秦一樣的行為嗎？」項羽臉色很不好看，卻無言以對。

又過了一會兒，劉邦藉口上廁所，樊噲、張良也跟著他出去了。張良說：「沛公，如今我們在項羽的地盤上，實在是不安全。項羽說不定什麼時候就又會聽從了范增的勸說而殺了你，還是趁此機會，讓樊噲護著你先走吧。我留下來拖延他們一下，免得項羽派兵追趕。」劉邦也覺得留下來很不安全，於是就帶著樊噲先走了。

張良又在外面等了一會兒，估計劉邦已經回到了霸上大營，才又去見了項羽。項羽見只有張良一個人回來，便問：「劉邦去哪裡了，怎麼沒和你一起回來？」張良說：「沛公已經先回去了。沛公喝醉了，不能親自向您告辭，因此特意讓我留下，獻上白璧一雙和玉斗一雙給大王和范將軍，請大王原諒。」項羽覺得劉邦走了也沒什麼大不了的，就接受了禮物。可是范增一聽劉邦跑了，很是憤怒，用劍擊碎了玉斗，並憤恨地說：「今天放過了劉邦，將來我們就都會成為他的俘虜啊，這天下也都是他的了！」

後來，項羽和劉邦進行了多年的戰爭，最終印證了范增的話：項羽兵敗，在烏江自殺而死；劉邦統一天下，登基稱帝，建立了漢朝。

俗話說「留得青山在，不怕沒柴燒」。在自身實力不及敵人的時候，採用「走為上計」，不與敵人正面衝突，保存實力，是正確的選擇。劉邦實力弱小，所以他不得不參加項羽的鴻門宴。但劉邦卻抓住鴻門宴上項羽猶豫不決的機會，以上廁所為名成功脫身才保住了自己，保存了自己的力量。

巧讀孫子兵法與三十六計 /（春秋）孫武原著；
高欣改寫. -- 一版.-- 臺北市：大地, 2019.01
面：　公分. --（巧讀經典：3）

ISBN 978-986-402-300-4（平裝）

1. 孫子兵法　2. 通俗作品

592.092　　107022280

巧讀孫子兵法與三十六計

巧讀經典 003

作　　者	（春秋）孫武原著、高欣改寫
發 行 人	吳錫清
主　　編	陳玟玟
出 版 者	大地出版社
社　　址	114台北市內湖區瑞光路358巷38弄36號4樓之2
劃撥帳號	50031946（戶名：大地出版社有限公司）
電　　話	02-26277749
傳　　真	02-26270895
E - mail	support@vastplain.com.tw
網　　址	www.vastplain.com.tw
美術設計	成樺廣告印刷有限公司
印 刷 者	博客斯彩藝有限公司
一版一刷	2019年01月

大地

定　　價：280元